果蔬花卉酿造技术与应用

张桂霞　王英超　编著

GUOSHU HUAHUI NIANGZAO
JISHU YU YINGYONG

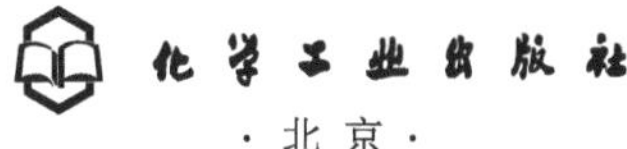

·北京·

内容简介

《果蔬花卉酿造技术与应用》以果品、蔬菜、花卉酿酒制醋为主线，详细介绍了酿酒制醋的原理、工艺、问题及解决方法、所需仪器设备，以及果品、蔬菜等的酿酒制醋技术要点和新方法。此外，本书还包括一些适合家庭制作的小技巧和方法。

本书内容丰富、新颖且通俗易懂，是酿酒制醋专业技术人员及业余爱好者学习和参考的理想资料。

图书在版编目（CIP）数据

果蔬花卉酿造技术与应用 / 张桂霞，王英超编著. 北京：化学工业出版社，2025.3. --（现代果蔬花卉深加工与应用丛书）. -- ISBN 978-7-122-47314-1

Ⅰ. TS255.3；TS262

中国国家版本馆 CIP 数据核字第 2025YQ3091 号

责任编辑：张　艳　　　　文字编辑：林　丹　张春娥
责任校对：李雨晴　　　　装帧设计：王晓宇

出版发行：化学工业出版社
（北京市东城区青年湖南街 13 号　邮政编码 100011）
印　　装：北京建宏印刷有限公司
710mm×1000mm　1/16　印张 13¼　字数 242 千字
2025 年 3 月北京第 1 版第 1 次印刷

购书咨询：010-64518888　　　　售后服务：010-64518899
网　　址：http://www.cip.com.cn
凡购买本书，如有缺损质量问题，本社销售中心负责调换。

定　　价：88.00 元　　　

“现代果蔬花卉深加工与应用丛书”编委会

前 言 FOREWORD

20世纪90年代初，我国已跃居世界水果、蔬菜、花卉第一生产大国，随着经济的发展和社会的进步，园艺业的地位越来越突出。丰富的园艺产品满足了人们多方面的需求。

果蔬花卉产品的酿酒制醋在我国历史悠久，其早在新石器时期就已出现，汉朝司马迁的《史记·大宛列传》中便有“宛左右以蒲陶（即葡萄）为酒，富人藏酒至万馀石，久者数十岁不败”。如今，随着人们精神文明和物质文明的提高，对酒和醋的种类、档次及需求量的要求越来越高。

果蔬花卉酒、醋具有水果、蔬菜、花卉独特的色、香、味以及丰富的营养成分，包括多种氨基酸、有机酸、芳香酯、维生素、矿物质等。其酒度、酸度适宜，可维持、调节人体生理机能，振奋精神，提高免疫力，增强健康，深受消费者青睐。

我国园艺资源丰富，有许多野生资源待开发利用，如刺梨、沙棘、黑加仑、酸枣、小山楂、越橘和灵芝等。以各种栽培或野生的果品、蔬菜、花卉为原料酿酒制醋，可节约粮食，并减少因园艺产品过剩造成的浪费，从而提高经济效益和社会效益。而且大力发展果蔬花卉酒、醋符合消费者多元化生活需求，具有很大的发展前景。

欧美、日本等发达地区的果、蔬、花卉酿酒制醋技术发展较快，相比较我国在以下诸方面有待提高，如市场待开发，品种待丰富，相关的标准、规章待制定和完善，以促进果、蔬、花卉酒醋的生产，满足消费者日益增长的需求。

《果蔬花卉酿造技术与应用》为“现代果蔬花卉深加工与应用丛书”的一个分册。丛书针对果品、蔬菜和食用花卉等原料，系统介绍安全控制、酿造、干制等果蔬花卉关键深加工与应用实例。该分册编写者均多年从事果树资源的收集、保存、研究与利用工作，具有丰富的酿酒制醋知识与实践经验。为了普及果品、蔬菜、花卉酿酒制醋的相关知识，促进相关产业的发展和提高，特编写此书，为大专院校酿造专业及从事酿造研究的师生、科研人员和相关爱好者提供参考。本书共分为七章，具体分工为：第五、六章由天津农学院王英超编写，其余章节由天津农学院张桂霞编写。

由于作者水平所限，书中难免有疏漏与不妥之处，恳请读者提出宝贵意见和建议，以便再版时修订。

编著者

2024 年 10 月

目 录 CONTENTS

04 Chapter 第四章 果品的酿酒制醋技术与实例 / 055

第一章　概述

水果、蔬菜、花卉种类繁多，用途广泛，既可鲜食、观赏，又可加工酿造。以水果、蔬菜、花卉为原料开发的酒醋产品，香气诱人、营养丰富、酸甜适口，集美味、营养、保健、食疗于一体，具有广阔的市场和开发前景。随着园艺生产的发展和人民生活水平的提高以及科学技术的进步，果蔬、花卉酿酒制醋产业不断壮大，技术工艺不断改进，产品产量和质量有了很大提高，其在国民经济中的地位越来越突出。

第一节　果蔬花卉酿造在国民经济中的意义和作用

我国地域辽阔，跨热带、亚温带和温带，地形复杂，各地气候也有所不同，这不仅为植物的多样性创造了有利条件，也为人们提供了大量的果品、蔬菜及可食用花卉。我国果树和蔬菜的种植面积和产量均居世界首位，水果和蔬菜产量过高，每年都有大量蔬菜和水果因加工不及时或缺乏足够的市场空间而变质损坏，损失达30%以上，造成资源浪费，给果农和菜农带来巨大损失。为了缓解市场压力，提高水果、蔬菜的附加值，对水果、蔬菜进行深加工的研究越来越多，而发展果蔬酿造业，将不能及时消费的果蔬材料充分利用，加工成营养酒或保健醋保存起来，变废为宝，开拓果蔬深加工的新路子，可谓一举两得。我国不仅具有大量的果品和蔬菜，还具有丰富的可食用花卉资源，为花卉酿酒和制醋提供了丰富的原材料。

一、果蔬花卉酒在国民经济中的意义和作用

随着人们生活水平的提高，保健养生成为大众追求的热点，白酒、啤酒等饮品已经不能满足人们的需求，因此果蔬花卉酒以其特有的营养价值和保健价值及

风味逐渐发展起来。果蔬酒具有果蔬的天然香味，口味绵软、清香，由于含有大量的氨基酸，且在发酵过程中营养成分损失较少，所以具有很好的滋补效果。食用花卉一般都具有天然的药用功效，其加工品也具有良好的保健性能。花卉内含有多种氨基酸、微量元素、维生素及核酸、多种类脂等营养物质，这些营养物质因其特有的价值可有效地调节人体的生理功能，所以花卉酒一般都具有良好的保健功效。如金银花酒具有益气通络、活血通脉、行气止痛的功效，对腰腿痛、关节痛、跌打损伤等具有良好的治疗和保健作用；被称为酒中贵族的桂花酒，不仅酒味甘醇可口，且能驱寒暖胃，祛除体内湿气。

二、果蔬花卉醋在国民经济中的意义和作用

果蔬花卉醋是以果实或果酒、蔬菜、花卉为原料，通过醋酸菌发酵而成的酸性饮料或调味品。研究表明，果蔬花卉醋含有丰富的氨基酸、维生素及矿物质，具有食疗保健、美白护肤、抗病、抗衰老、抗疲劳等功效。除了用新鲜的果品制成果醋之外，还可以水果酿酒后的皮渣酿制成果醋或果醋饮料，实现废物的综合利用。在果醋饮料中添加富含多酚类物质的可食用花卉，不仅能增加饮料的保健功能，充分发挥其药物疗效，还能赋予饮料特殊的色泽和香气，制成营养丰富、风味独特、色泽艳丽且具有保健功能的新型果醋饮料。

第二节　果蔬花卉酿造技术的发展历史

一、果蔬花卉酒的发展历史

我国是酒的故乡，不仅酒的品种繁多，且酿酒历史悠久，而果酒在人类酿酒史中最为悠久。2004 年 12 月 6 日出版的《美国科学院院报》上发表了中国科学技术大学和美国宾夕法尼亚大学的考古专家研究成果，早在新石器时代早期，位于河南省舞阳县的先人们就开始制造和饮用葡萄酒，这是目前发现的世界上最早的酿制葡萄酒的记载。从殷商甲骨文关于枸杞的记载以及我国考古发掘出土的酒具、酒器推断，中国酿造枸杞酒的历史可以追溯到夏商时期，距今超过 4000 年。秦始皇的方士徐福在周游各地时发现齐人多食枣和饮枣酒。汉人东方朔在千童镇以红枣配合香草再度精酿，酿成的酒味道香浓醇美，在京剧《捉放曹》中就有“饶安沽酒走一遭”的唱段。魏晋至隋唐时期是我国文化发展的鼎盛期，也是果酒发展的鼎盛期。唐朝的繁华提升了人们对生活水平的要求，果酒的发展更是以飞跃的速度一路向前，各种果酒的发展呈现出欣欣向荣之态。当时葡萄酒在长安流行，著名的《凉州词》中流传着这样脍炙人口的诗句：“葡萄美酒夜光杯，欲饮琵琶马上催。醉卧沙场君莫笑，古来征战几人回？”传说杨贵妃

钟情石榴酒，唐玄宗责成专人为其酿造石榴美酒。在宋代由柑橘制的甜酒，得“洞庭春色”之雅称。至元朝，据《析津志》等记载，石榴酒、枣酒等都是元代果酒中常见之品。明代以后，我国果酒产业发展缓慢，至清朝基本成为上流社会的消费品。1949 年后，随着人们生活水平不断提高，饮食结构改变，消费理念更新，人们对酒的选择有了新的要求，而果酒温和爽口、醇厚纯净，具有原果实特有的芳香，其与白酒、啤酒等其他酒类相比，营养价值更高。因此，果酒越来越受广大消费者青睐。

花卉酒即利用花卉与水以一定配比提取花汁，添加糖及酵母（果酒酵母）发酵而成，或将花与酒有机结合，酿制成富含营养且具有多重保健功效的酒。制作花卉酒主要有酿造法和浸泡法两种。酿造法是将完整的花或花粉做成酒曲，而后与其他原料一起发酵。浸泡法是直接将花（或花的浸提液）、花粉浸泡于酒中而成。花卉酒是一种新型的低度酒，绿色天然，营养丰富。花卉酒在中国古代就已盛行，据《西京杂记》记载：“菊花舒时，并采茎叶，杂黍米酿之，至来年九月九日始熟，就饮焉，故谓之菊花酒。”三国时曹植的《仙人篇》里写道：“玉樽盈桂酒。”唐代李颀的《九月九日刘十八东堂集》中就有“风俗尚九日，此情安可忘。菊花辟恶酒，汤饼茱萸香”的句子。可见古时人们在“九九”重阳节，盛行登高、赏菊、饮菊花酒，不禁令人心驰神往。除了菊花酒以外，古代还用其他的花卉酿酒，如桂花酒、玫瑰酒等。另有“梨花酒”之说，其香气迷人，兼有营养和观赏价值。

二、果蔬花卉醋的发展历史

古代食醋主要分为粮食醋和果醋两种。果醋是以水果或果品加工下脚料为主要原料酿造而成的一种营养丰富、风味独特的醋饮料，醋酸含量为 5%～7%。人类生产、食用果醋已有 7000 余年历史，比粮食醋早 3800 年。早在我国夏朝时期，人们就把野生水果堆积在一起进行自然发酵生产果酒饮用，但是酒精在空气中极易被醋酸杆菌氧化为醋酸，这就形成了我国最早的果醋。在《齐民要术》中记载桃醋的制作方法为“桃烂自零者，收取，内之于瓮中，以物盖口。七日之后，既烂，漉去皮核，密封闭之。三七日酢成，香美可食”。现在陕西西安一带还有应用此方法生产柿醋的。西方关于果醋的最早记载是 5000 年前的古巴比伦时期，人们利用葡萄酒或麦酒制作醋。西方名著《圣经》之《旧约全书》中有关于苹果醋的记载，10 世纪时葡萄醋在法国已相当盛行，17 世纪后欧美的食醋以果醋为主，并且各国结合各自的物产和饮食习惯生产出不同品种的果醋，如美国的苹果醋、法国的葡萄醋、意大利的香醋等。我国果醋作为商品生产始于 20 世纪 90 年代。随着果醋营养、保健价值的不断挖掘和发现，人们对果醋的价值有了更深入的了解和认识，现今的果醋产品越来越多。

第三节　果蔬花卉酿造技术的发展现状

一、果蔬花卉酒的发展现状

葡萄酒是果酒中的主打产品，产量最大；其次为苹果酒。法国和澳大利亚分别是葡萄酒和苹果酒产量最多的国家。除此之外，德国的李子酒及日本的梅酒亦相当出名。目前世界上果酒占饮料酒的比例为15%～20%，人均年消费量达到6L。近年来，欧美等国大力提倡用苹果、梨子、樱桃等水果酿造果酒，在市场上取得了较大的成功。与欧美等国家相比，我国市场上出售的果酒以葡萄酒为主，20世纪90年代我国葡萄酒行业开始迅猛发展，产量由万吨突破到百万吨。现有的葡萄酒生产企业中，张裕、长城、王朝、威龙四大品牌占据了全国葡萄酒总产量的51.49%，新天、华东、野力、莫高、白洋河、云南红等几大企业也占有相当的市场份额。其他类型果酒虽有出售，但规模还比较小。果酒不仅保留了果实的风味及营养，而且具有缓解疲劳、舒筋活血、强身健体、提神驱寒、降胆固醇、抗衰老、降低心脑血管疾病发病率等功效，发展前景广阔。

蔬菜酒和蔬菜醋是以蔬菜为原料进行酿酒制醋。随着人们生活水平的提高，对健康饮食的要求越来越高，蔬菜因含有大量的纤维素和丰富的营养，使蔬菜酒和蔬菜醋的开发成为近年来发展的新趋势。蔬菜酒作为一种新型的饮料酒，具有独特的蔬菜风味。它不仅对传统酒的品质和营养成分做了继承，还增添了蔬菜本身的各种维生素、矿物质及功能性物质。在蔬菜酒酿造原料的选择上，也是主要考虑原料中富含的营养元素，如佛手瓜蔬菜酒，由于佛手瓜富含对人体健康有益的钙、镁等常量元素，而对人体健康有毒害作用的微量元素含量极低或几乎没有。目前投入生产的蔬菜酒有南瓜酒、香菇酒、甘薯酒、马铃薯酒、平菇酒、番茄酒、西瓜酒、苦瓜酒、胡萝卜酒等。

有研究者采用在麦汁煮沸结束时添加一定量的酒花和菊花，并在清酒罐中添加菊花馏出液的工艺酿造啤酒，发现酿出的啤酒有色泽浅、菊花香气明显、持久挂杯、口味纯正、淡爽等特点。用菊花生产的啤酒具有很好的保健作用，市场较广泛，经济效益较高。曾经由北京葡萄酒厂生产的“桂花陈酒”在十几个国家和地区畅销，另有“妇女幸福酒”“贵妃酒”之称。1995年蜂蜜桂花酒就已在江西投入生产。山东某公司最近研制成功的菏泽牡丹鲜花酒，其花香温馨、酸甜适中、酒味清醇，为色、香、味俱佳的营养型保健美酒。半发酵型菊花酒系列及加工工艺早在1994年就申请了专利，牡丹鲜花酒在1997年申请了专利，在2000年，花卉白酒和花卉葡萄酒也申请了专利。目前投入生产的花卉酒种类较多，如芦荟美容保健酒、金银花酒、玫瑰花酒、菊花酒、仙人掌酒等。

二、果蔬花卉醋的发展现状

果蔬花卉醋是园艺产品经微生物发酵而成，在发酵过程中，水果、蔬菜或花卉中的大部分维生素、矿物质、生物活性成分等都能得到很好的浸提，微生物在代谢进程中还产生了大量的有机酸，因此，果蔬花卉醋既含有传统醋的酸味物质，同时也具有水果、蔬菜、花卉的香味和营养成分，其保健功能优于粮食醋，被誉为第四代饮料。

我国已经开发成果醋的水果种类主要有苹果、猕猴桃、山楂、葡萄、柿子、梨、杏、柑橘、沙棘、蓝莓、芒果、菠萝、枣、西瓜等，但限于原料的来源，目前生产中以苹果醋为主，2019 年国内苹果醋市场规模达 50.33 亿元。与其他饮料相比，果醋还处于产业发展的萌芽期，但其销量持续升高，逐渐成为饮品界的新生代。蔬菜醋及花卉醋目前生产较少。

第二章　果蔬花卉产品酿造原理

02 Chapter

第一节　果蔬花卉产品酿酒原理

以新鲜的果蔬花卉产品为原料，利用野生或人工添加的有益微生物酵母菌将果蔬花卉汁中的可发酵性糖经发酵生成酒精及其他副产物。伴随着酒精和副产物的生成，果蔬花卉酒内发生一系列复杂的生化反应，经过陈酿过程中的酯化、氧化和沉淀等作用，最后赋予果蔬花卉酒独特的风味和色泽。果蔬花卉酒的酿造是一系列复杂生物化学反应的结果，主要分为糖化和酒化两个阶段。糖化阶段是原料经预处理后在各种生物酶的作用下转化为可发酵的糖类；酒化阶段则是水解后的糖类在微生物作用下代谢产生酒精。酒的香味主要是因为在发酵过程中产生的酯类、挥发性游离酸、乙醛、糠醛等物质所致。

一、酒精发酵及其副产物

酒精发酵是将果蔬花卉汁变成果蔬花卉酒的过程，发酵过程中酵母将糖转化为酒精。

（一）乙醇的生成

乙醇是果蔬花卉酒的主要成分之一，它是一种具有芳香并带有刺激性甜味的无色液体。经过长时间的储存后，乙醇与水通过氢键缔合成分子团，其缔合程度越高，酒精越醇和。乙醇在果蔬花卉酒中占有的体积百分比常称为酒度，酒度的高低直接影响酒的风味，酒度低则风味平淡，必须与有机酸、单宁等成分相互配合，酒味才会更加醇厚、柔和。

酒精发酵是一个厌氧过程，需要糖和酵母的存在。酵母在酶的作用下把葡萄糖转化成乳酸和丙酮酸，丙酮酸在丙酮酸脱羧酶的作用下转化成乙醛，乙醛再在

氧化酶的作用下转化为乙醇。

$$\text{葡萄糖} \xrightarrow{\text{裂解酶、羧化酶}} \text{丙酮酸}$$

$$\text{丙酮酸} \xrightarrow{\text{脱羧酶}} \text{乙醛}$$

$$\text{乙醛} \xrightarrow{\text{氧化酶}} \text{乙醇}$$

以上反应是在无氧条件下进行的，在酒精发酵开始时，酒精发酵和甘油发酵同时进行，而且甘油发酵占有一定优势。随着时间的推移，酒精发酵不断加强并占据绝对优势，产生大量乙醇，甘油发酵逐渐减弱。在酒精发酵过程中，常伴有甘油、乙醛、醋酸、乳酸和高级醇等副产物生成，这些副产物对酒的品质和风味有很大影响。

（二）酒精发酵的主要副产物

1. 甘油

在发酵开始时，发酵醪中产生少量甘油，甘油味甜而稠厚，可赋予果蔬花卉酒以清甜味，并增加酒的稠度，使果蔬花卉酒味道圆润。

2. 醋酸

醋酸是果蔬花卉酒发酵的主要副产物之一，是由乙醛氧化而产生。醋酸为挥发性酸，风味强烈，若果蔬花卉酒中醋酸的含量过高，就会使酒呈酸味。正常发酵情况下，果蔬花卉酒的醋酸含量仅为0.2～0.3g/L。醋酸在陈酿时会生成酯类物质，赋予果蔬花卉酒以香味。

3. 乳酸

乳酸主要来源于酒精发酵和苹果酸-乳酸发酵。在葡萄酒中，乳酸含量一般小于1g/L。

4. 高级醇

高级醇是比乙醇多一个或数个碳原子的一元醇。高级醇难溶于水，而易溶于乙醇。高级醇是形成葡萄酒醇厚度的重要因素，但也是形成异杂味并导致“上头”的主要原因，正丙醇、异丁醇和异戊醇是其中主要关注的杂醇。有研究表明，异丁醇和异戊醇含量过高，饮酒后就会出现“上头”现象。因此，酿酒过程中应大幅降低异丁醇、异戊醇含量，适当提高正丙醇含量。

5. 甲醇

甲醇主要来源于果胶，甲醇有毒，含量高会影响酒的品质。

6. 乙醛

乙醛是酒精发酵的中间产物，提早终止的发酵醪中醛的含量高。杂菌污染也会产生醛类。高温发酵和通气时，会促使醛的生成。如果发酵成熟醪长时间搁置，也会产生乙醛。

二、影响酵母菌生长和酒精发酵的因素

酒精发酵是一个复杂的生物代谢过程，在这个过程中有酵母菌种类和能量的变化、代谢产物含量的变化、能量代谢导致温度的变化等。这些变化可以直接影响酵母菌的生长代谢，从而对酒精发酵产生影响，并因此而影响酒的风味。影响酒精发酵的主要因素有：酵母菌自身因素和发酵时所处的环境因素。

（一）酵母菌自身生理因素

1. 酵母菌的选择

不同种的酵母菌所能发酵糖的种类不同，因此，需视原料品种所提供发酵糖的类型来选择适当的酵母菌。作为啤酒酵母菌，能够发酵霉菌淀粉酶的分解产物（如葡萄糖和麦芽糖等），也可使半乳糖、蔗糖及1/3的棉籽糖发酵，但不发酵乳糖。多数酵母菌有蔗糖酶，可使蔗糖发酵，但发酵强弱有所不同。

2. 酵母菌的发酵力

发酵力是指酵母菌发酵糖产生酒精能力的大小。只有酒精转化率高、残糖少，才能称为发酵力强的酵母菌。

3. 酵母菌的增殖力

能在短时间内繁殖出大量活细胞的酵母菌，才能称为优质酵母菌。影响酵母菌繁殖速度的因素，首先是营养物质和氧气，其次是温度（温度对酵母菌能量和基础物质代谢产生影响），另外是接种酵母菌的活力（取决于有关酵母菌的营养状态和生长时间，应在对数生长期内进行转接）。

4. 酵母菌的耐酸、耐酒精能力

每种酵母菌的抗酸、抗酒精和耐高温的能力是有差异的。酸度和酒精度对酵母菌的生长和发酵有阻碍作用，高温导致酶系统钝化以致失活。当酒精度＞10%（体积分数）时酵母菌生长被抑制。高浓度发酵时，渗透压高，易引起酵母菌新陈代谢紊乱，酵母菌活力下降。

5. 酵母菌的发酵产物

酵母菌种类很多，除进行酒精发酵外，还产生其他代谢产物。为保证酒质，选择菌种时需考虑酵母菌的产酯、产酸能力与还原双乙酰能力。

（二）酵母菌的环境影响因素

酵母菌生长发育和繁殖所要求的环境条件也是酒精发酵所需要的条件，只有在酵母菌出芽繁殖的条件下酒精发酵才能进行。酵母菌生长繁殖和酒精发酵受下列因素影响。

1. 温度

葡萄酒酵母菌的生长繁殖与酒精发酵的最适温度为20～30℃，一般酿造干

白葡萄酒时，应控制发酵温度在18～20℃；酿造干红葡萄酒时，控制发酵温度为25～30℃。当温度低于10℃时，酵母菌则不能生长繁殖，但酵母孢子却可耐－200℃的低温而不致完全死亡。当温度大于20℃时，酵母菌繁殖速度加快，达30℃时，其繁殖速度达最大；但当温度升高至35℃时，酵母菌则呈“疲劳”状态，繁殖速度迅速下降，酒精发酵可能停止，如果在40～45℃条件下保持1～1.5h或60～65℃下保持10～15min就会杀死酵母。干态酵母抗高温能力很强，可忍耐115～120℃的高温5min。

果酒发酵有低温发酵和高温发酵之分。20℃以下为低温发酵，30℃以上则为高温发酵。后者的发酵时间短，酒味粗糙，高级醇、醋酸等生成量大。

(1) 发酵速度与温度　在20～30℃的温度范围内，发酵速度随温度的升高而加快，温度每升高1℃发酵速度就可提高10%左右。但是，发酵速度越快，停止发酵越早，因为在高温情况下，酵母菌的“疲劳”现象出现较早。

(2) 发酵温度与产酒效率　在一定温度范围内，产生酒精的效率与温度呈负相关，温度越高，酵母菌的发酵速度越快，产生酒精的效率越低，生成的酒度就越低。因此为了获得较高酒度的果蔬花卉酒，必须把发酵温度控制在足够低的水平上。

(3) 发酵临界温度　当发酵温度达到一定值时，酵母菌不再繁殖，开始死亡，这一温度称为发酵临界温度。由于发酵临界温度受多种因素如通风、基质的含糖量、酵母菌的种类及营养条件等的影响，所以很难将某一特定的温度确定为发酵临界温度。在实践中常用“危险温区”这一概念来警示温度的控制，一般情况下，发酵危险温区为32～35℃。

2. 空气（通风，给氧）

酵母菌为兼性厌氧微生物，酵母菌的繁殖需要氧气，在有氧条件下酵母菌生长发育旺盛；缺氧条件下酵母菌个体繁殖被明显抑制，但会促进酒精发酵。在酒精发酵前，对原料的处理（破碎、压榨、除核、运送及汁液澄清等）过程中已经溶入了部分空气，足够酵母菌发育繁殖所需。只有在酵母菌发育停滞时，才通过倒桶（罐）的方式适量补充氧气。在发酵过程中适量供给氧气，发酵进行得快而彻底；但若供氧太多，会使酵母菌进行好氧活动而损失大量酒精。因此，果蔬花卉酒发酵一般是在密闭条件下进行。

3. 酸度（pH）

酵母菌在pH 2～7的范围内可正常生长，在中性或微酸性条件下发酵能力最强，以pH4～6最好。

4. 糖分

酵母菌生长繁殖和酒精发酵都需要糖，为使发酵正常进行，基质中的糖含量应≥20%。若基质中的糖含量>30%，由于高渗透压的作用，会使酵母菌失水而活力降低；当糖含量>60%时，酒精发酵则停滞。因此，生产酒度较高的果蔬花卉酒时，可分次加糖，使发酵时间缩短，保证发酵正常进行。

5. 酒精和 CO_2

酒精和 CO_2 都是发酵产物，它们对酵母的生长和发酵都有抑制作用。一般在正常发酵生产中，经过发酵产生的酒精不会超过15%～16%。当 CO_2 的压力超过101.3kPa时，酵母菌生长和繁殖会受到抑制。因此，当需要酵母菌繁殖时，应适当减少 CO_2 的积累。

6. SO_2

葡萄酒酵母菌具有较强的抗 SO_2 能力，可耐1g/L的 SO_2。葡萄酒发酵时，根据葡萄原料的好坏及酿制酒的类型不同，SO_2 的使用量为30～120mg/L。

7. 其他因素

低浓度的乙醛会促进酒精发酵；丙酮、长链有机酸、维生素 B_1 和维生素 B_2，以及足够的N、Mg、K、Zn、Cu、Fe、Ca、P、S等矿物质元素都有利于酒精发酵的进行。如果基质中糖的含量高于30%，酵母菌会因失水而降低其活力；如果糖含量大于60%～65%，酒精发酵根本不能进行。此外，高浓度的乙醛、SO_2、CO_2 以及癸酸等都会抑制酒精发酵。

三、发酵过程

(一) 酒精发酵的化学反应

1. 糖分子裂解

(1) 己糖磷酸化　己糖磷酸化是通过己糖磷酸化酶和磷酸己糖异构酶的作用，将葡萄糖和果糖转化为1,6-二磷酸果糖的过程。

(2) 1,6-二磷酸果糖分解　1,6-二磷酸果糖在醛缩酶的作用下分解为磷酸甘油醛和磷酸二羟丙酮；由于磷酸甘油醛将参加下一阶段的反应，磷酸二羟丙酮将转化为磷酸甘油醛，所以在这一过程中，只形成磷酸甘油醛一种。

(3) 3-磷酸甘油醛氧化为丙酮酸　3-磷酸甘油醛在氧化还原酶的作用下，转化为3-磷酸甘油，后者在变位酶的作用下转化为2-磷酸甘油酸；2-磷酸甘油酸在烯醇化酶的作用下，先形成烯醇式磷酸丙酮酸，然后转化为丙酮酸。

2. 丙酮酸的分解

丙酮酸首先在丙酮酸脱羧酶的催化下脱去羧基，生成乙醛和二氧化碳，乙醛则在氧化还原的情况下还原为乙醇，同时将3-磷酸甘油醛氧化为3-磷酸甘油酸。

3. 甘油发酵

在酒精发酵开始时，参加3-磷酸甘油醛转化为3-磷酸甘油酸这一反应所必需的NAD是通过磷酸二羟丙酮的氧化作用来提供的。这一氧化作用伴随着甘油的产生。每当磷酸二羟丙酮氧化一分子 $NADH_2$，就形成一分子甘油，这一过程称为甘油发酵。在发酵开始时，酒精发酵和甘油发酵同时进行，而且甘油发酵占优势。以后酒精发酵则逐渐加强并占绝对优势，甘油发酵减弱。酒精发酵中，还常有甘油、乙醛、醋酸、乳酸和高级醇等副产物产生，它们对果酒的风味、品质影响很大。

（二）陈酿

发酵所得的新酒香浓味重且浑浊，不适宜饮用，需经过一定时期的储藏和适当的工艺处理，使酒发生一系列的理化和生化变化，从而使酒质变得香浓、醇和、清晰、色美，此过程称为酒的老熟或陈酿。果蔬花卉酒的风味主要是在陈酿期间形成的。经过陈酿过程的氧化还原、酯化以及聚合沉淀等作用，新酒中的不良风味物质减少，芳香物质得到加强和突出，各种物质之间达到平衡，酒体变得和谐、柔顺、细腻、醇厚，并表现出该种酒的典型风格。

1. 陈酿过程

（1）成熟　葡萄酒经氧化还原等化学反应，以及聚合沉淀等物理化学反应，使其中不良风味物质减少，芳香物质增加，蛋白质、聚合度大的单宁、果胶等沉淀析出，风味改善，酒体变澄清，口味醇和。这一过程需 6～10 个月甚至更长。此过程以氧化作用为主，故适当接触空气，有利于酒的成熟。

（2）老化　老化阶段在成熟阶段结束后，一直到成品装瓶前。这个过程是在隔绝空气的条件下，即无氧状态下形成的。随着酒中含氧量的减少，氧化还原电势也随之而降低，经过还原作用，不但使果酒增加芳香物质，同时也逐渐产生了陈酒香气，使酒的滋味变得较柔和。

（3）衰老　此时品质开始下降，特殊的果香成分减少，酒石酸和苹果酸相对减少，乳酸增加，使酒体在某种程度上受到一定的影响，故果蔬花卉酒的储存期也不能一概以长而论。

2. 陈酿过程中的变化

（1）酯化反应　果酒中含有机酸和乙醇，在一定温度下，有机酸与醇在酯化酶的参与下，发生酯化反应生成酯和水。酯具有香味，是果蔬花卉酒芳香味的主要来源之一，新葡萄酒一般含酯 176～264mg/L、陈酒含酯 792～880mg/L。酯在酒精发酵和陈酿时产生，其反应式为：

$$\text{乙醇}+\text{乙酸}\rightleftharpoons\text{乙酸乙酯}(CH_3COOCH_2CH_3)$$

（2）氧化还原反应　氧化还原反应是果蔬花卉酒加工中的一个重要反应，氧化和还原是同时进行的两个方面。果蔬花卉酒中含有一定量的可被氧化的物质（还原物质），如单宁、色素、维生素 C 等。在加工中由于酒的表面接触、搅动、换桶、装瓶等操作，会溶入一些氧气，从而发生氧化还原反应。氧化还原反应与果蔬花卉酒的质量密切相关，尤其与酒的芳香和风味关系密切，在成熟阶段要有氧化作用，以促进单宁和色素的缩合，促进某些不良风味物质氧化，使易发生氧化沉淀的物质尽快沉淀去除。在酒的老化阶段要以还原作用为主，促进芳香物质产生。另外，氧化还原反应还影响酒的色泽和透明度。在有氧气存在的条件下，酒中花色素与单宁缩合生成沉淀，改善酒的品质。但酒在无氧条件下产生芳香成分，通气时，芳香味的形成就会或多或少地变弱，强通气时果酒就会出现苦味、涩味。除此之外，氧化还原作用还与酒的破败病有关，酒暴露在空气中，常会出现浑浊、沉淀、褪色等现象。

四、果蔬花卉酒发酵微生物

在果蔬花卉酒的酒精发酵中，发酵微生物起着重要作用。果蔬花卉酒酿造的成败和品质的好坏，首先取决于参与发酵的微生物种类。酵母菌是果蔬花卉酒发酵的主要微生物，它将基质中的绝大部分糖分转化为酒精和 CO_2，同时生成甘油、高级醇和酯、醛等代谢产物，直接影响酒的味道、香气和色泽，决定酒的质量与风味。酵母菌的种类很多，其生理功能各异，有良好的发酵菌种，也有危害性的菌种。不同果蔬花卉品种、不同酒种需要的酵母菌不同。果蔬花卉酒酿制必须选择优良的酵母菌进行酒精发酵，以烘托固有的香气，又有酵母的协调香气，从而得到独具特色的酒型和酒种；同时需防止杂菌参与。果蔬花卉酒发酵的优良酵母菌品种是葡萄酒酵母菌（*Saccharomyces ellipsoideus*），它具备优良酵母菌的主要特征，即：发酵能力强，发酵效率高；抗逆性强；在发酵中可产生芳香物质，赋予果蔬花卉酒以特殊风味。葡萄酒酵母菌不仅是酿造葡萄酒的优良酵母，也是其他果蔬花卉酒酿造的较好菌种。

果蔬花卉原料上常附着有大量的野生酵母，随着原料的破碎压榨进入汁液中参与酒精发酵。常见的品种有巴氏酵母菌和尖端酵母菌（又名柠檬形酵母菌）等。这些酵母菌的抗硫力较强，如尖端酵母菌可忍耐 470mg/L 的游离 SO_2，其繁殖速度快，在发酵初期其活动常占优势。但这种菌的发酵力较弱，只能发酵到4%～5%（体积分数）酒精度，在该酒度下，这种酵母菌很快被杀死。为控制野生酵母菌的活动，生产中常采用大量接种优良酵母菌，使之在汁液中大量繁殖从而占据优势地位来控制野生酵母的活动。

空气中的产膜酵母（又名伪酵母或酒花酵母菌）、圆酵母、醋酸菌以及其他菌类也常侵入发酵池或罐内活动。它们常于汁液发酵前或发酵势较弱时，在发酵液表面繁殖并生成一层灰白色的或暗黄色的菌丝膜。这些菌具有很强的氧化代谢力，可将发酵液中的糖和乙醇分解为挥发性酸和醛类等物质，干扰发酵的正常进行。这些微生物多为好氧性菌，繁殖需要充足的氧气，且其抗硫力弱。所以，生产上常采用减少空气，加强硫处理和大量接种优良酵母菌等措施来抑制其活动或将其消灭。

五、果蔬花卉酒的病害及其防治

一般按照科学的方法酿造的果蔬花卉酒不易发生病害，若环境、设备消毒不严格，原料不合格，或操作管理不当等均会引起病害。确定果蔬花卉酒是否遭受病害及其病原，可用感官鉴别、镜检病原微生物、采用化学分析方法分析产物等方法进行判断。

（一）造成病害的主要原因

① 发酵不完全，残糖含量高，使各种病菌有充足的“粮食”。

② 在发酵和储存过程中，果酒的品温太高，达到了各种病菌繁殖最适宜的温度 30～40℃。

③ 进入储存的果酒，由于酒度低于 30 度，而不能抑制各种病菌的活动与繁殖。

④ 果酒内未加防腐剂或含量太低，无防腐能力及杀菌不严等。果酒发生病害及败坏，主要表现为变色、浑浊、生花、发酸、变黏和产生不良气味等。

（二）生物病害及防治

1. 酒花病

酒花病又叫生膜、生花，多因好氧性的酒花菌所致。在充足氧气条件下，开始时酒中出现灰白色小点，随着灰白点的逐渐增多，相互连接成片，形成白膜浮在酒的表面，接着白膜不断增厚，并形成带油性的皱纹，将酒面全部覆盖。一经搅动，起皱纹的油性白膜便分裂成无数的白色片状物充满酒中，使酒液浑浊。果蔬花卉酒发生酒花病后，除了酒精被消耗外，其酸度以及固形物、单宁、酯类等的含量也会降低，并增加生物代谢的中间产物，如醛的含量增高。所以，患酒花病的果酒，不但风味平淡，甚至还会产生异味。

酒花病主要是由酒花菌类中的醭酵母引起。这种菌具有好氧性，在氧气充足、温度为 24～27℃时繁殖最快，当温度＜4℃或＞34℃时就会停止繁殖。因此，常用的防治酒花病的方法有以下几种：

① 认真做好原料、生产设备及周围环境的清洁卫生，以减少病原；同时，尽量避免酒液接触空气，在储存过程中一定要把酒池装满，加盖封严，或在液面上布满一层二氧化碳或二氧化硫气体，也可在液面上铺一层 3～5cm 厚的高浓度酒精，并经常检查，发现因酒精消耗而出现空隙时要及时添满。

② 在发酵和储存过程中，要严格把温度控制在 12℃以下。

③ 酒花菌喜欢在低浓度的新酒中繁殖，发酵后的新酒要及时补加酒精。

④ 对于已经患了酒花病的酒，要用同品种、同规格的健康酒通过长颈漏斗或橡皮管注入病酒中，使其液面升高直至浮在液面上的白膜溢出池外。注意不能

冲散酒花，严重时过滤除去酒花，再密封保存。

2. 酸化病

果蔬花卉酒中的醋酸含量应<0.1%，超过0.2%就会感觉风味刺舌，不宜饮用。果蔬花卉酒变酸主要是由醋酸菌造成的。

防治果蔬花卉酒醋酸酸化病的方法有以下四种：①醋酸菌适宜在12度以下的低酒度果酒中繁殖，18度以上的酒中不能繁殖，所以储存时要提高果酒的酒度；②将果酒储存在20℃以下的地下贮酒室，不给其醋化和繁殖的机会；③果酒中酸的含量要保持在0.5%以上，SO_2 的含量达0.07%～0.08%；④对于已经患病的酒，要通过加热杀菌或硫熏杀菌的方法予以解救，加热杀菌的温度控制在70～80℃，保持15～20min。杀菌后的酒要加入胶剂使其澄清。

除了醋酸菌外，乳酸菌繁殖也会引起果蔬花卉酒的酸化。乳酸菌将糖发酵产生乳酸，乳酸过量使酒液呈现泔水臭味。乳酸菌在有氧和缺氧条件下都能进行繁殖，但在pH<3.5时其生长受到抑制，一般用 SO_2 处理后可以预防，也可在70℃下加热15min进行消毒，并用活性炭吸附除去怪味。

3. 苦味病

苦味病是由于厌氧性的苦味菌侵入果蔬花卉酒中并大量繁殖而引起。这种病大多发生在陈年的酒中。苦味菌主要是把酒中的甘油分解为醋酸和丁酸。初发病时，果酒酒味平淡，随着病情加重，苦味逐渐显现出来，病越重，苦味越厉害。

预防及防治的方法有两种：刚开始发病、苦味不重的酒，通过1～2次下胶处理和倒池除脚予以排除；病害已经很深、苦味很重的酒，每100L病酒加入3～5kg新鲜酒脚，充分搅拌后静置，待其澄清时除去酒脚，排除苦味。凡是得了苦味病的酒，在倒池或过滤时，都要尽量避免接触空气，因为空气会加重酒的苦味。

4. 酒变黏

果酒变黏是黏稠芽孢杆菌活动造成。处理的方法是：以50～55℃的温度杀菌15min；或加入适量的亚硫酸和一定量的胶剂沉淀，沉淀后过滤。

5. 酒发浑

果蔬花卉酒在储存期间发生浑浊，主要是因为发酵不完全，有少量残糖使酵母菌或其他杂菌继续进行微弱的发酵而不断地产生 CO_2，使酒中蛋白质与单宁的聚合物以及其他杂质络合形成胶体悬浮。另外，酵母菌菌体的自溶和腐败菌分解死酵母菌及其他杂菌也会引起果酒发浑，使果酒产生腐败味。

预防和处理方法为：发酵要彻底，残糖不能太高，否则会引起再发酵；SO_2 的含量要在250mg/L以内；已经发生浑浊的果酒，要通过加热杀菌和过滤除酒脚的方法予以排除；腐败味要加适量的活性炭吸附脱味。

（三）非生物病害及防治

1. 异味

（1）霉味　盛酒器皿清洗除霉不严格以及霉烂的原料混入，都会使酒产生霉味，可用活性炭过滤处理将霉味去除。

（2）硫化氢味（臭鸡蛋味）或乙硫醇味（大蒜味）　熏硫时将固体硫混入汁液会产生臭鸡蛋味或大蒜味。可用过氧化氢（H_2O_2）去除。

（3）苦味　种子或果梗中的糖苷水解会造成苦味，可加糖苷酶分解，或加酸使之结晶析出，再过滤去除。苦味病菌也会引起苦味，可加入相当于病酒量3%～5%的新鲜酒脚，或用下胶处理，沉淀后分离除去苦味。

（4）其他异味　如木臭味、水泥味、果梗味等，可用精制的棉籽油、橄榄油等与酒混合吸附去除。

2. 变色

（1）变黑或蓝黑　当酒中铁含量超过 8～10mg/L 时就容易变黑。果蔬花卉原料和加工用水含铁量太高，或使用了铁制工具及机械设备，使酒中的铁与单宁反应生成单宁酸铁，在酸度过低的情况下，酒接触空气，单宁酸铁被氧化成不溶解的灰色和蓝黑色物质，酒就变成蓝黑色，此称为蓝色败坏病。

防治方法为：减少铁的来源，不使用铁制机具或容器与汁液或酒液接触；发生蓝色败坏病时用明胶与单宁反应形成沉淀去除。

（2）变褐　果蔬花卉酒中如果氧化酶类过多，在接触空气之后氧化酶可将酚类化合物氧化而使酒液变成棕褐色，味平淡发苦，此称为褐色败坏病。

防治方法为：果蔬花卉汁发酵要经过热处理（温度为 70～75℃），用人工酵母发酵；酒的酸度和 SO_2 的含量一定要达到要求，抑制酶类活动，或加维生素 C、单宁等抗氧化剂抑制酶的活性；已经发生褐色败坏病的酒，加热（70～75℃）杀菌后，在密闭的情况下进行过滤；在病酒中加入 6～8g 焦亚硫酸钾或亚硫酸。

（3）浑浊　由于酵母的自溶或分解而引起酒液浑浊，以及下胶不当、有机酸盐结晶析出、单宁或蛋白质沉淀等都会引起酒液的浑浊。

防治方法为：可用下胶过滤除之。如果是再发酵作用或醋酸菌等繁殖而引起的浑浊，则可用巴氏杀菌后再下胶过滤去除。

第二节　果蔬花卉产品制醋原理

醋的酿造是一个复杂的生物化学过程。其原理是：在糖源和氧气充足的条件下，醋酸菌将果蔬花卉原料中的葡萄糖分解为醋酸；在缺氧的环境中醋酸菌将乙醇分解成醋酸。在糖源和氧气充足时的简化反应式为：葡萄糖＋酶＋O_2 ⟶醋酸＋二氧化碳＋水。在糖源和氧气不足时的简化反应式为：

$$乙醇+O_2 \longrightarrow 醋酸+水$$

一、果蔬花卉醋发酵理论

果蔬花卉醋发酵若以含糖果蔬花卉为原料，需经过两个阶段，第一阶段为酒精发酵，酒精发酵微生物与果蔬花卉酒发酵微生物相同；第二阶段为醋酸发酵，醋酸菌将酒精氧化为醋酸，即醋化作用。若以果蔬花卉酒为原料，则只进行醋酸发酵。

二、醋酸发酵微生物

空气中存在着大量可使醋酸发酵的微生物——醋酸菌，且种类很多，性能各异，对酒精的氧化速度有快有慢，醋化能力强弱不同。当果蔬花卉酒暴露于空气中时，常发现有两种好气菌在其中繁殖，其中一种为酒花菌，另一种为醋酸菌。这两种菌以酒精为营养源，生存竞争非常激烈。酒花菌将酒精氧化为二氧化碳和水，醋酸菌则将酒精氧化为醋酸。

在果蔬花卉制醋生产中常用的醋酸菌有许氏醋酸杆菌及其变种弯醋酸杆菌、恶臭醋酸杆菌、奥尔兰醋酸杆菌、沪酿 1.0 度醋酸杆菌等。酿醋选用的醋酸菌，最好是氧化酒精速度快、不再分解醋酸、耐酸性强、所得制品风味好的菌。目前国外有些工厂用混合醋酸菌，这样除了能快速完成醋酸发酵外，还能形成其他有机酸与脂类等组分，从而增加成品香气和固形物成分。选用优良的醋酸菌是酿好醋的关键。

三、醋酸发酵的生物化学变化

醋酸菌在充分供给氧的情况下生长繁殖，并把基质中的乙醇氧化为醋酸和水，这是一个生物氧化过程，其反应如下。

首先，乙醇被氧化成乙醛：

$$CH_3CH_2OH+\frac{1}{2}O_2 \longrightarrow CH_3CHO+H_2O$$

而后，乙醛吸收一分子水生成水化乙醛：

$$CH_3CHO+H_2O \longrightarrow CH_3CH(OH)_2$$

最后，水化乙醛再氧化成醋酸：

$$CH_3CH(OH)_2+\frac{1}{2}O_2 \longrightarrow CH_3COOH+H_2O$$

理论上 100g 纯酒精可生成 103.6～130.4g 醋酸，而实际生产中常低于理论值，一般只能达理论数值的 85％左右。其原因是醋化时酒精的挥发损失，特别是在空气流通和温度较高的环境下损失更多。此外，醋酸发酵过程中，除生成醋酸外，还生成二乙氧基乙烷、高级脂肪酸、琥珀酸等。这些酸类与酒精作用在陈酿时产生酯类，赋予醋芳香味。所以果蔬花卉醋也如果蔬花卉酒，经陈酿后品质变佳。

有些醋酸菌在醋化时将酒精完全氧化成醋酸后，为了维持其生命活动，会进一步将醋酸氧化成二氧化碳和水：

$$CH_3COOH+2O_2 \longrightarrow 2CO_2+2H_2O$$

所以当醋酸发酵完成后，常用加热杀菌或加食盐等措施阻止其继续氧化。

四、影响醋酸发酵的因素

影响醋酸发酵的因素除菌种外，还与环境条件密切相关，因为环境条件影响醋酸菌的繁殖和醋化作用。影响醋酸菌繁殖和醋化的环境条件有以下几方面。

（一）果蔬花卉酒的酒度

当果蔬花卉酒的酒度超过 14 度（14%，体积分数）时，醋酸菌则不能忍受，繁殖速度迟缓，被膜变成灰白色，不透明且易碎，生成物以乙醛为主，醋酸产量少；当酒精浓度在 12～14 度以下时，醋化作用能很好进行，直至酒精全部变成醋酸。

（二）果蔬花卉酒的溶解氧量

果蔬花卉酒中溶解氧愈多，醋化作用愈完全。理论上 100L 纯酒精被氧化成醋酸需要 38.0m^3 纯氧，相当于 183.9m^3 空气量。实际上供给的空气量应超过理论数值的 15%～20%才能确保完全醋化。反之，若缺乏空气，醋酸菌则被迫停止繁殖，醋化作用也会受到影响。

（三）果蔬花卉酒中的 SO_2

SO_2 对醋酸菌的繁殖有抑制作用。若果蔬花卉酒中的 SO_2 含量超过 200mg/L，则不宜制醋。降低 SO_2 后，才能进行醋酸发酵。

（四）温度

醋酸菌繁殖最适宜的温度为 20～32℃，当温度达到 30～35℃时醋化作用最快，<10℃时醋化作用进行缓慢，达 40℃时则停止活动。

（五）酸度

果蔬花卉酒的酸度太高会妨碍醋酸菌的发育。醋化时，醋酸量逐渐增加，醋酸菌的活动则逐渐减弱。当酸度达到某限度时，其活动完全停止，醋酸菌能忍受的酸度为 8%～10%。

（六）太阳光线

光线会抑制醋酸菌的发育，不同颜色的光对醋化率的影响不同，以白色光为最烈，其次是紫色、青色、蓝色、绿色、黄色及棕黄色，红色危害最弱，与黑暗中的醋化率基本相同。

第三章　果蔬花卉产品酿酒制醋技术工艺

03 Chapter

酿酒制醋的技术工艺是获得优质高产的果蔬花卉酒、醋的关键，要根据原料的种类、性质、数量以及环境条件采用适宜的工艺，以确保果酒、果醋的质量和产量。在选择好原料的基础上，要选择正确的工艺。

本章将介绍果蔬花卉产品酿酒制醋的主要工艺包括传统工艺、现代工艺以及新发展的工艺，在介绍酿造工艺之前先对酿造中的常用设备加以介绍。

第一节　果蔬花卉酿酒制醋中常用设备

果蔬花卉酿酒制醋工艺中，从原料选择至酒精发酵阶段基本相同，所用的仪器设备也有很多是相同的。一般培养霉菌、酵母菌、醋酸菌及成品杂菌数检测所用的培养仪器和化验设备应从实际出发，因地制宜，本着经济、节约、实用的原则，购置一些常规的仪器设备。

一、酿酒常用设备

生产果蔬花卉酒的原料通常采用筐装、车装和螺旋输送机或皮带输送机进行输送。

（一）除梗、破碎设备

果蔬花卉酿酒原料的破碎与除梗在同一设备内进行，也可先除梗、后破碎。如图 3-1 所示的破碎、除梗设备将进料、破碎、除梗、测糖、添加 SO_2 等功能集于一身，主要部件为破碎轧筒、去梗装置及机架等。

（二）输送设备

输送原料的设备分为螺旋输送机、皮带输送机以及装运果实的筐、车等；输

送果蔬花卉浆的设备为转子泵（如图 3-2 所示），转子泵也可用于输送果粒或残渣、酒脚等。

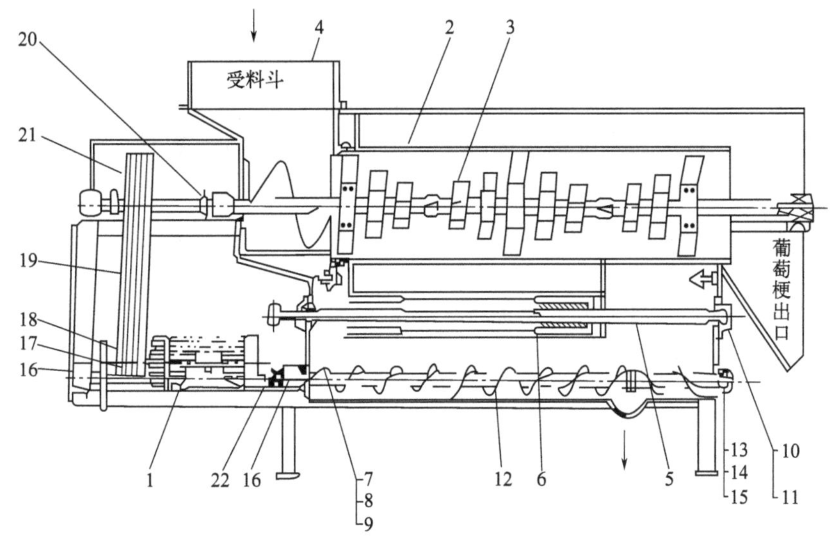

图 3-1 卧式除梗破碎机结构示意图

1—电动机；2—筛筒；3—除梗器；4—螺旋输送器；5—破碎辊轴；6—破碎辊；7～11，13～15—轴承；12—旋片；16—减速器；17～19，21—皮带传动；20—输送轴；22—联轴器

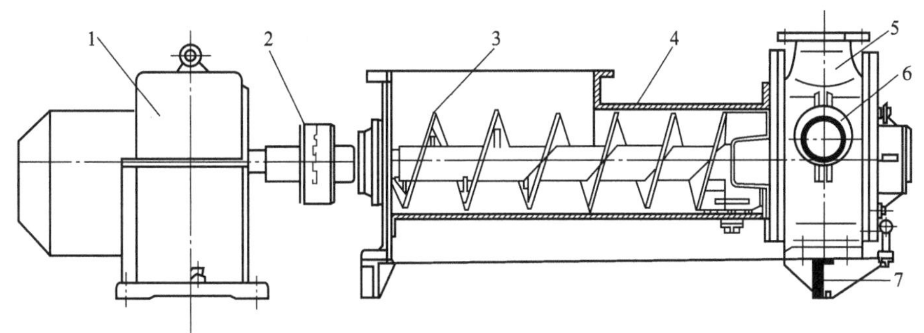

图 3-2 ZZ30-20/3 型椭圆芯转子泵结构示意图

1—电动机；2—BL2 联轴器；3—螺旋轴进料器；4—螺旋壳体；5—泵；6—手孔；7—底座

（三）发酵设备

发酵容器一般为发酵与贮藏两用，要求不渗漏、能密闭、不与酒液起化学作用。发酵设备要求能控温，耐酸性介质腐蚀，罐壁平整光滑，导热性能良好，易于洗涤、排污，通风换气良好等。发酵容器与发酵设备使用前应进行清洗，用 SO_2 或甲醛熏蒸消毒处理。

1. 传统发酵设备

（1）发酵桶　一般用橡木（柞木）、山毛榉木、栎木或栗木制作。由于木质系多孔物质，可发生气体交换和蒸发现象，酒在桶中轻度氧化的环境中成熟，赋予柔和醇厚滋味，尤其新酒成熟快，酒质好，是酿造高档红葡萄酒和某些特产名酒的传统、典型容器。但该类容器造价较高，维修费用大，且贮酒室要求建在地下，贮存管理较麻烦。发酵桶呈圆筒形，上部小、下部大，容量为 3000～4000L 或 10000～20000L，靠桶底 15～40cm 的桶壁上安装阀门，用以放出酒液。桶底开一排渣阀，上口有开口式与密闭式两种，密闭式桶盖上安装发酵栓，密闭式发酵桶也可制成卧式安放。

（2）发酵池　一般为方形水泥池，内壁涂有无毒防腐涂料，容量 $20m^3$，池壁厚 20cm 左右。发酵池上部可安装压板，池内可安放冷却装置，也可配置喷淋装置。

（3）带夹套的发酵罐　在发酵罐的内外壁都附有夹套装置，夹套内可流通制冷剂，以控制发酵醪的温度，如图 3-3 所示。

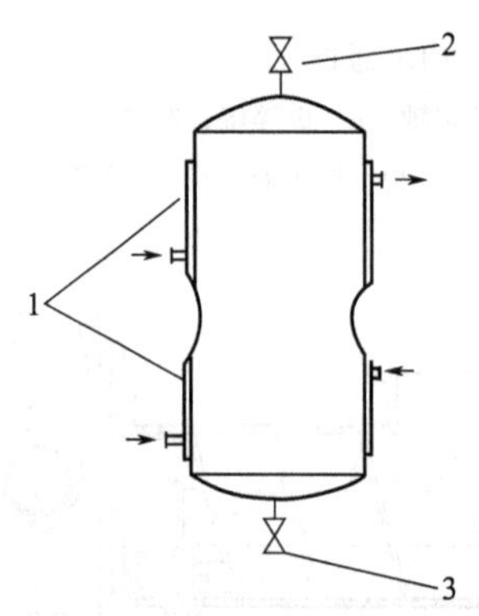

图 3-3　带夹套装置的发酵罐

1—夹套；2—安全阀；3—进出料口

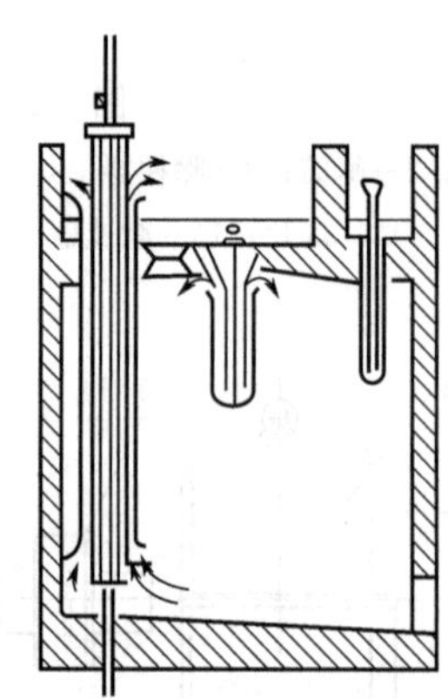

图 3-4　带自动喷淋装置的发酵池

2. 新型发酵设备

以上介绍的为传统式发酵设备，下面介绍几种新型发酵设备。

（1）带自动喷淋装置的发酵池　如图 3-4 所示。

（2）斜底形发酵罐　汁液由斜底的偏上部位流出，由泵输送至罐顶部喷淋管进行喷淋回罐。发酵后，汁液先抽走，皮渣靠自身重量和斜面滑入螺旋输送机排出。如图 3-5 所示。

（3）新型红葡萄酒发酵罐　罐顶部有一根长度小于罐直径的开孔水平管，由泵将汁液从罐底输入管中喷淋回罐。汁液与皮渣分离时，先将汁液用泵抽走，再开动罐底的刮板电机，皮渣经罐底的排渣口进入螺旋输送机排出。如图 3-6 所示。

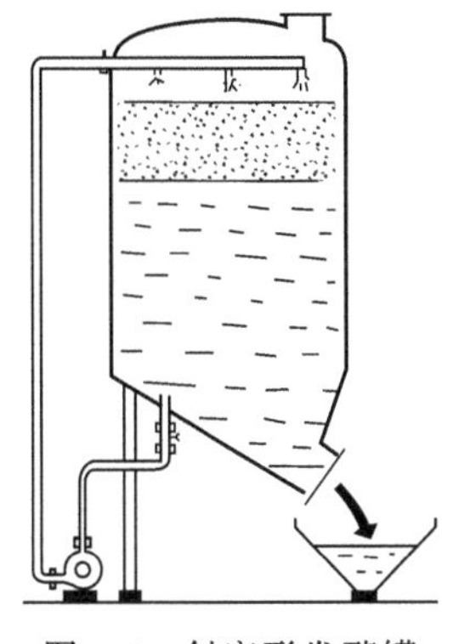
图 3-5 斜底形发酵罐

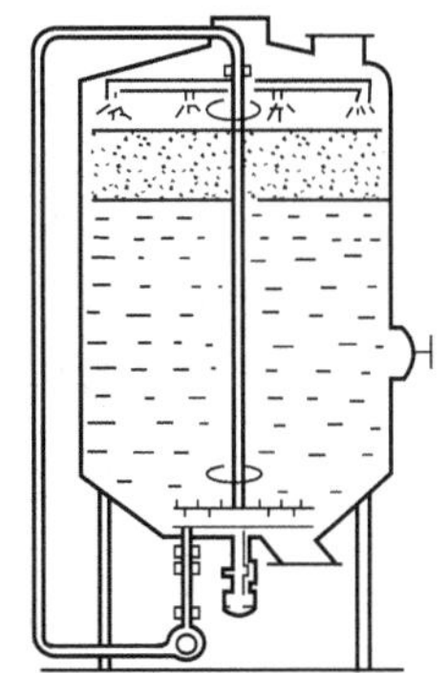
图 3-6 新型红葡萄酒发酵罐

（4）Seity 型旋转发酵罐（图 3-7） 其由支架、罐体、传动部分、螺旋输送器等组成，罐体采用卧式转动的罐，罐体有温度计、压力表、安全阀等，罐内设有冷却装置、过滤板等。

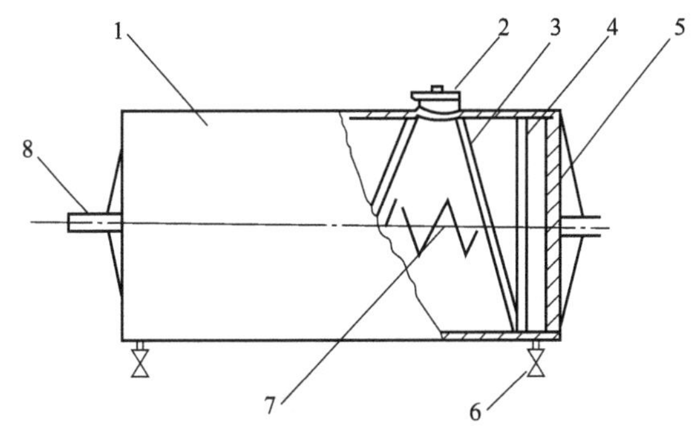

图 3-7 Seity 型旋转发酵罐

1—罐体；2—进料排渣口、人孔；3—螺旋板；4—过滤网；5—封头；6—出汁阀门；7—冷却蛇管；8—罐体短轴

（5）Vaslin 型旋转发酵罐（图 3-8） 罐体采用卧式可转动的罐，罐尾为碟形封头，罐内有蛇形管，既可升温，又可降温。罐体装有压力表、安全阀、排气阀等。此外还包括支架、传动部分和螺旋输送器等。

（6）Monod 多槽联结型连续发酵系统（图 3-9） 由 3～4 个独立的发酵槽组成，前槽进行主发酵，后续槽进行后发酵。

（四）压榨设备

（1）连续压榨机 广泛应用于葡萄浆和前发酵醪的皮渣压榨，如 JLY450 型连续压榨机。生产中需连续进料、出料，出汁率高、质量好，适宜于较大规模的工厂。

（2）气囊压榨机（图 3-10） 由机架、转动罐、传动系统和计算机控制系统组成，具有果汁分离机和葡萄压榨机的功能。

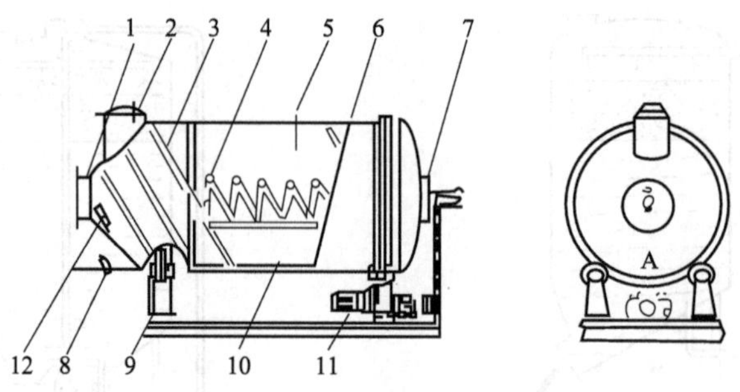

图 3-8　Vaslin 型旋转发酵罐

1，2—进料口；3—螺旋板；4—冷却管；5—温度计；6—罐体；7—链轮；8—出汁阀门；9—滚轮装置；10—过滤网；11—电动机；12—出料双螺旋

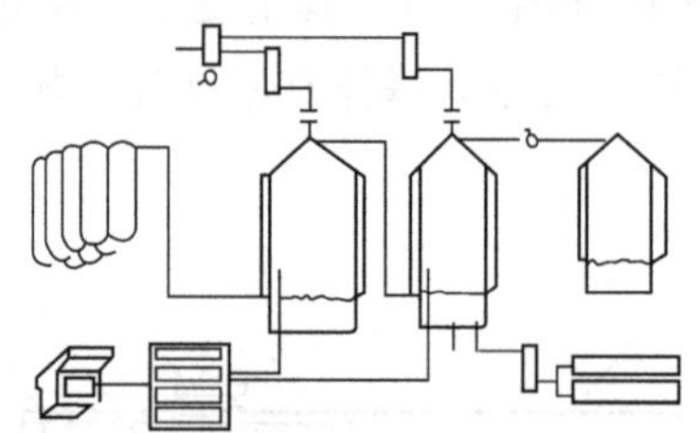

图 3-9　多槽连续发酵系统

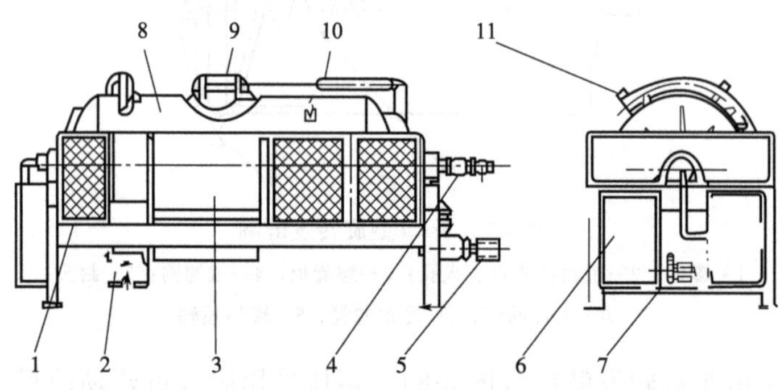

图 3-10　气囊压榨机

1—机座；2—接汁盘；3—出渣挡板；4—轴向进料管；5—传动电机及系统；6—计算机控制柜；7—气泵；8—转罐；9—人孔盖；10—人孔盖滑轨；11—出汁管

（五）过滤设备

（1）棉饼过滤机　为普通的过滤设备，包括洗棉机、压棉机、隔毛器、酒泵等。

（2）硅藻土过滤机　由机壳、空心轴、滤框及滤板（网）组成。

（3）纸板过滤机　由纤维、硅藻土等材料组成。

（4）超滤膜过滤机　膜材料用醋酸纤维或聚砜等构成。

（5）真空过滤机　包括转鼓、真空系统、料槽及刮板。

（6）离心机　分为鼓式、自动除渣式、全封闭式三类。

（六）包装设备

（1）洗瓶机　分为手动洗瓶机、半自动洗瓶机、全自动洗瓶机三种。

（2）验瓶机　由光源、光学系统、电子检查分离装置构成。

（3）空瓶灭菌机　分为半自动灭菌机和全自动灭菌机两类。自动化程度高的包装生产线将洗瓶与灭菌合在一起进行。

（4）灌装机　分为半自动和全自动灌装机两类，具体又可分为等压灌装和负压灌装。

（5）打塞机　有单头与多头打塞机。

（6）压盖机　有单头与多头压盖机之分，具体又可有皇冠盖与防盗盖压盖机之分。

（7）瓶子烘干机　即可以洗掉瓶子外壁残酒并将其烘干。

（8）贴标机　高效贴标机可贴瓶子正标、颈标、背标或套圆锡箔套。贴标形式可分为直线式、回旋式及真空式等。

（9）装箱与封箱设备　国内现已有成套包装设备生产厂（如广东轻工机械厂等），可根据生产实际情况进行生产设备的选择。

二、制醋常用设备

（一）原料处理工艺常用设备

（1）锤式粉碎机　用锤式粉碎机先将原料进行粉碎，然后用绞龙输入调浆池。

（2）液化罐　液化期间要求边进料边进汽，为保持品温稳定，在液化罐上部设 1 只粉浆高位槽，使粉浆利用位压自流入液化罐。

（二）发酵工艺常用设备

醋酸发酵设备是整个酿醋过程中的关键设备（参见酿酒发酵设备）。醋酸发酵液具有腐蚀性，故醋酸发酵装置均采用耐酸不锈钢材料制作。

（三）配兑设备

（1）补糖罐　为使产品达到规定理化指标而设。

（2）压滤储存罐　为保证生产顺利进行，设压滤储存罐 1 只，每天取出的醋酸发酵液均入此罐，再由此罐压入板框压滤机内过滤。

（3）板框压滤机　此为过滤设备，由于醋酸发酵液有腐蚀性，槽铁板框压滤机必须涂以耐酸涂料。

（4）生醋配兑池　消毒输送所用泵类，均考虑采用不锈钢耐酸泵。

（5）滤液储存池　储存滤液。

（6）列管式热交换器　生醋消毒设备。

（7）成品储存罐　以不锈钢制作最佳。

(四) 辅助设备

（1）空气压缩机　用于物料的输送以及板框压滤。

（2）氨冷冻机　降低水温，以保证夏天正常生产。

（3）离心泵　各种输送泵均采用离心泵。

其他设备同酿酒。

第二节　发酵酒的酿造工艺

葡萄酒是果蔬花卉酒中的大宗酒，在此以葡萄酒为例介绍果蔬花卉酒的酿造工艺。

一、果蔬花卉产品的预处理

发酵前处理包括原料选择、破碎、除梗、压榨、汁液的澄清与改良。剔除霉烂变质原材料以提高酒的质量，并按酿造不同等级的酒，对原材料进行分选。

(一) 破碎、除梗

将果粒压榨以便于汁液流出即为破碎。破碎要求每粒种子破裂，但不能破碎，否则种子内的油脂、糖苷类物质及果梗中的一些物质会增加酒的苦味、涩味。白葡萄酒要尽量避免汁液与残渣长时间接触，破碎过度会使酒中的苦涩物质过度溶解，悬浮物、酒渣增加。霉变原料会造成过度氧化。

破碎可用手工或机械法。手工法一般是用手挤压或用木棍捣碎，有的用脚踩。破碎机常用双辊压破机。现代生产中常使用专门的带除梗装置的葡萄破碎机，可以把破碎和除梗同时完成。

将破碎后的果浆立即与果梗分离，这种操作称为除梗。这样做有利于改进酒的口味，防止果梗中的青草味、苦涩味溶出；还可以减少发酵醪体积，便于输送，同时可防止果梗吸附色素而造成色素损失。而除去果梗的发酵醪，温度下降快，氧气溶入少，因而比未除果梗的发酵进程要慢些。白葡萄酒加工一般不除果梗，破碎后立即压榨，用果梗作助滤器，提高压榨效果。

(二) 压榨

压榨是指将果浆中的汁液或新酒通过压力而分离出来的操作。红葡萄酒连渣一同发酵，白葡萄酒则要取汁发酵。破碎后不加压力而自行流出的葡萄汁液称为自流汁，压榨后流出的汁液称为压榨汁。自流汁约占汁液的50%～60%，占全部果重的35%～50%，质量好，适宜单独发酵酿制优质酒。压榨一般分两次进行，第一次逐渐加压，用力要求能压出果肉中的汁液而不压取果梗中的汁液。然后将残渣疏松，加水或不加水进行第二次压榨。第一次压榨出的汁约占果汁的25%～35%，质量较自流汁稍差，应分别酿制，也可与自流汁合并。第二次压榨的汁液约占总果汁的10%～15%，杂味浓、质量低，可作蒸馏酒或其他用途，压榨葡萄汁的终点是果汁口味明显变劣时。压榨尽量快速进行，以防止氧化和减少浸提。

（三）汁渣分离

汁渣分离的方法比较多，筛板法制自流汁为多年来沿用的传统方法。各种框式压榨机应用更多些，因压力施加方式和框的立卧不同而有多种形式。近年来多采用连续螺旋压榨机分离汁渣。

（四）汁液澄清

澄清是白葡萄酒特有的工艺，因为压榨汁中的一些不溶性物质在发酵中会产生不良效果，给酒带来杂味。用澄清汁酿制的白葡萄酒胶体稳定性高，对氧的作用不敏感，酒色淡，铁含量低，芳香稳定，酒质爽口。澄清方法有酶法、机械分离法和加皂土澄清法等几种。

（五）SO_2 处理

在发酵醪中或酒中加入 SO_2，以使发酵顺利进行或利于酒的储存，这种操作叫 SO_2 处理。现代葡萄酒和其他果蔬花卉酒酿造中，SO_2 有着不可替代的作用。SO_2 可以抑制各种微生物的繁殖、呼吸、发酵等活动，在酒中具有杀菌、澄清、抗氧化、增加酸度、使色素和单宁物质溶出以及还原作用等，使酒的风味变好。具体使用方法和作用如下。

1. 抗氧化与澄清

发酵前使用，即红葡萄酒应在破碎、除梗后进入发酵池以前加入 SO_2，不能在破碎和除梗时加入，否则易造成分布不均匀，且会因挥发和被固定而造成损失。白葡萄酒应在取汁后即刻加入 SO_2，若在此以前加入会加重皮渣浸渍现象。果蔬花卉汁中加入 SO_2 后，很快生成亚硫酸，溶解果皮上的某些成分，从而增加溶液中不挥发酸、色素和多酚类物质的含量，并使汁液澄清。其用量如表3-1所示。

表3-1 发酵基质中常用 SO_2 浓度 单位：mg/L

原料	红葡萄酒	白葡萄酒
无破损和霉变，含酸量高	30～50	60～80
无破损和霉变，含酸量低	50～100	80～100
破损和霉变	60～150	100～120

2. 杀菌与防腐

若葡萄汁或其他果蔬花卉汁不能立即进行酿造，则常用 SO_2 来进行保藏和运输，用量约需 300mg/kg。SO_2 在酒中有防腐作用。

在发酵期间常需要加入较多的亚硫酸，因为 SO_2 可以有选择性地抑制发酵酒中有害微生物的生长繁殖，而使酒精酵母良好发育，保证发酵正常进行。SO_2 还可用来抑制酒精发酵，从而保持较多的糖分，在甜葡萄酒生产中常用其抑制酒精发酵，每天在发酵醪中加入少量 SO_2，可增加甘油的生成。

（六）汁液调整

因年份、品种和采收期的不同会导致原料存在差异，从而影响果汁发酵和酒的质量，为避免这种差异，必须对原料的成分进行调整。

1. 糖分调整

糖是生成酒精的基础，果汁中的糖含量直接影响着发酵和酒度，从理论上讲，每生成 1% 的酒精需要葡萄糖 1.63g，即果汁中含糖量为 16.3g/L，实际生产中按照 17g/L 计算。若酿造酒精含量为 10%～12% 的酒，葡萄汁或其他果蔬花卉汁的糖度应为 17%～20%。若果蔬花卉汁中的糖度达不到要求，则需要另外加糖，在实际加工中常用蔗糖作为调糖成分，1g 蔗糖可水解成 1.053g 葡萄糖和果糖，但一般按 1g 蔗糖等于 1g 还原糖计算。除了加蔗糖外，还可以加浓缩果蔬花卉汁。

2. 酸的调整

酸在果蔬花卉酒发酵中有多种作用。它可以抑制细菌的繁殖，使发酵顺利进行；使果蔬花卉酒的颜色鲜明；使酒的风味清爽，具有柔软感；酸可与醇反应生成酯，增加酒的芳香；酸还可以增加酒的稳定性和耐储性。酸在酒中的含量要适度，干酒的含酸量宜控制在 0.6%～0.8%，甜酒的含酸量控制在 0.8%～1.0%，若 pH＞3.6 或可滴定酸＜0.65%，则需要在果蔬花卉汁中加酸。

二、酵母的制备

酵母指扩大培养后加入发酵醪中的酵母菌，生产上需要经过三次扩大培养后才可加入，分别为一级培养、二级培养、三级培养，最后用酵母桶培养。具体方法如下。

（一）一级培养

在生产前 10 天左右，选择充分成熟、无霉变的果蔬花卉原料压榨取汁，装入洁净并经干热灭菌的试管或三角瓶内。试管内装量为 1/4，三角瓶则为 1/2。装后在常压下沸水杀菌 1h 或 58kPa 下 30min。冷却后接入培养菌种，摇动果蔬花卉汁使之分散。进行培养，待发酵旺盛时可供下级培养。

（二）二级培养

在洁净、经干热灭菌的三角瓶内装入1/2容量的果蔬花卉汁，接入一级培养液，进行培养。

（三）三级培养

选择洁净、经过消毒的容量为10L左右的大玻璃瓶，加入果蔬花卉汁至容积的3/4左右。加热杀菌或用亚硫酸钠杀菌，若用亚硫酸钠杀菌，每升汁液应含二氧化硫150mg，但需放置1天。瓶口用70%的酒精进行消毒，然后接入二级菌种，用量为果蔬花卉汁的2%，在保温箱内扩大培养，繁殖旺盛后，供继续扩大培养用。

（四）酵母桶培养

将酵母桶用SO_2消毒后，装入糖度为12%～14%的果蔬花卉汁，于28～30℃下培养1～2天即可作为生产用酵母。培养后的酵母可直接加入发酵液中，用量为发酵液的2%～10%。

三、发酵容器的准备

发酵容器要求具备能控制温度、容易洗涤、易排污、通风换气良好等条件。使用前先洗涤干净，再用SO_2或甲醛熏蒸消毒处理。发酵容器可制成发酵、储酒两用的设备，要求该容器不渗漏、能密闭，且不与酒液起化学反应。

（一）发酵桶

一般选用山毛榉木、橡木、栎木或栗木制作。形状似圆筒形，上部小，下部大，容量为3000～4000L或10000～20000L。距桶底15～40 cm的桶壁上安装阀门，用以放出酒液，桶底开一排渣阀，上口有开放式和密闭式两种。开口式发酵桶如图3-11所示，密闭式发酵桶如图3-12所示，也可制成卧式安放。

图3-11 开口式发酵桶

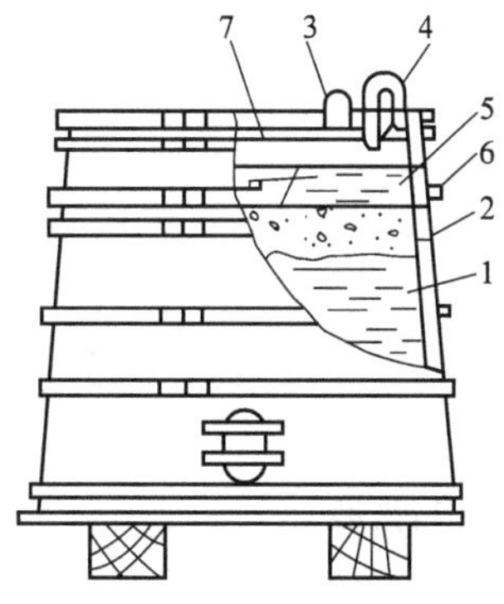

图3-12 密闭式发酵桶

1—葡萄汁；2—葡萄皮渣；3—桶门；4—弯曲的玻璃管式发酵栓；5—压葡萄皮渣的木篦子；6—压葡萄皮渣的皮柱；7—桶盖

（二）发酵池

一般为方形水泥池，具体可参见前文所述。如图 3-13 所示为带喷淋装置的开放式发酵池，图 3-14 为带压板装置的开放式发酵池。

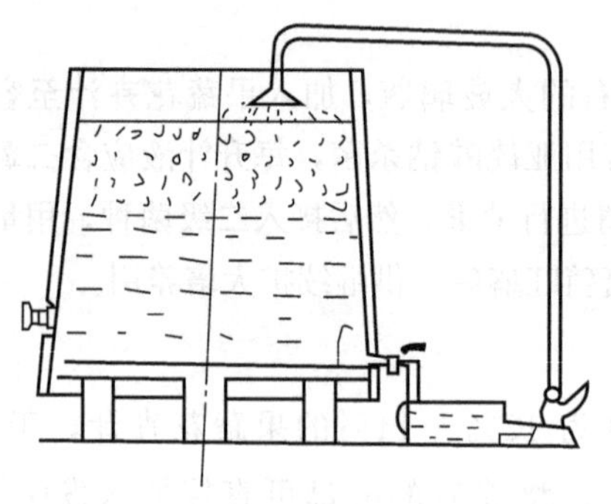

图 3-13　带喷淋装置的开放式发酵池

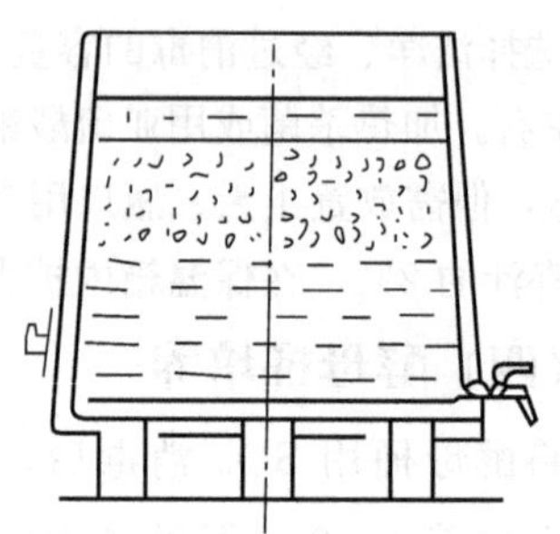

图 3-14　带压板装置的开放式发酵池

（三）专门发酵设备

目前国内外均有一些大型的专用葡萄酒或其他果蔬花卉酒的发酵罐，如旋转发酵罐（图 3-15）、自动循环发酵罐（图 3-16）、连续发酵罐（图 3-17）等。

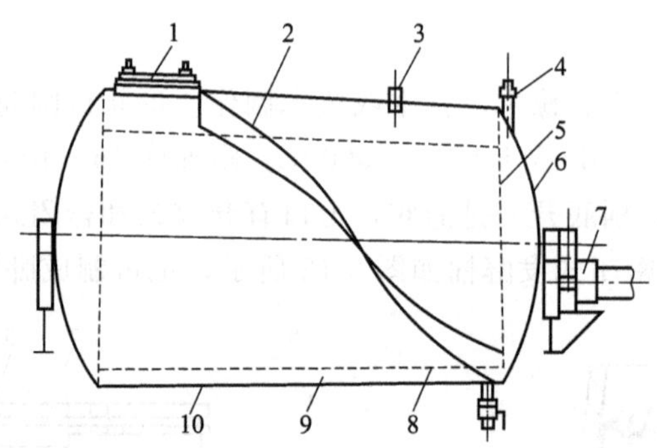

图 3-15　旋转发酵罐示意图

1—盖；2—螺线刮刀；3—浮标；4—安全阀；5—穿孔假底；6—底；7—电动机；8—穿孔内壁；9—内壁间隙；10—转筒

（四）发酵栓

在密闭发酵前，为了控制压力不至于一直上升，必须安装发酵栓或放气阀，其作用是只能使气体排出，而不能使气体进入，形式有多种，如图 3-18 所示。

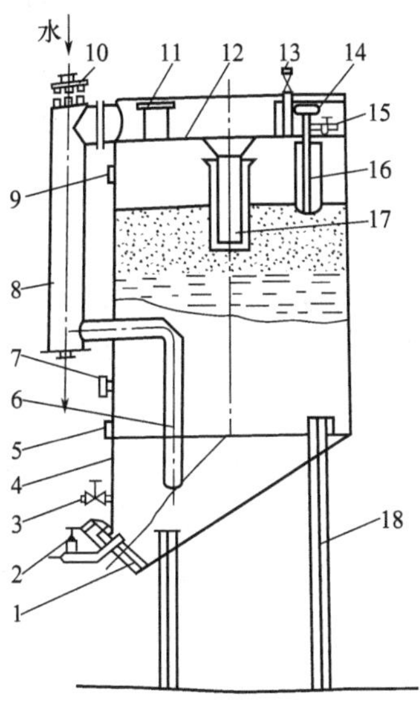

图 3-16　自动循环发酵罐示意图

1—酒渣出口；2—电动机；3，13，15—阀；4—罐体；5，9—高度指示；6—酒循环管；7—温度计；8—热交换器；10—分配装置；11—葡萄浆进口；12—内壁；14—盛水器；16—水封；17—出液管；18—支脚

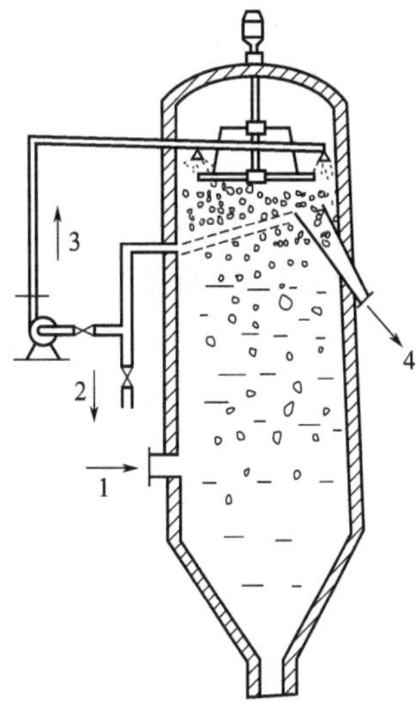

图 3-17　连续发酵罐示意图

1—葡萄浆；2—自流酒；3—回流；4—酒渣出口

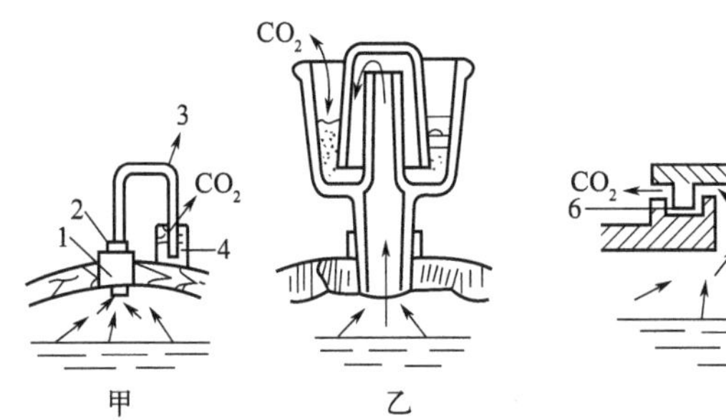

图 3-18　各种形式的发酵栓

（甲、乙是适用于发酵桶的发酵栓，丙是适用于发酵池的发酵栓）

1—圆孔；2—软木塞；3—倒 U 形玻璃管；4—玻璃瓶；5—池盖；6—U 形管；7—池顶

四、发酵

（一）葡萄汁发酵

不同类型的葡萄酒发酵温度不同。白葡萄酒适于低温发酵，温度应控制在 16～18℃左右，温度过高易造成芳香物质损失。红葡萄酒发酵温度可高些，温度应控制在 20～22℃。葡萄汁发酵均采用密闭式，在主发酵达到高潮时，可装上

发酵栓，主发酵约持续 2～3 周。酒精发酵结束时，白葡萄酒残糖应控制在 2g/L 以下，红葡萄酒残糖应控制在 5g/L 以下。白葡萄酒在酒精发酵结束后，应将温度迅速降至 10～12℃，静置一周后，倒桶除去酒脚。而红葡萄酒为了使苹果酸-乳酸发酵进行，不要降低温度，放置一段时间后，再分离酒脚。

（二）葡萄浆发酵

传统的红葡萄酒均采用葡萄浆发酵，使酒精发酵与浸提一同完成。具体是将经过破碎、去梗、SO_2 处理、成分调整后的葡萄浆送入发酵容器内，加满至容积的 4/5 左右，然后加入酵母即可开始发酵。发酵初期主要是酵母增殖期，这时发酵醪平静，随后有少量 CO_2 气泡产生，表明发酵已经开始。然后品温上升，CO_2 逸出量明显增加，表明发酵进入旺盛期。此时，首先注意发酵温度，若品温低，可延迟 48～72h 乃至 96h 才进入旺盛繁殖期即发酵盛期。一般温度应≥15℃。控制品温的方法是保持一定的室温，其次应注意空气的供给，以促进酵母菌繁殖。供气的办法是先将果汁由桶底放出，再用泵打成雾状返回桶内，或通入过滤空气。发酵中期，主要是生成酒精。此时，糖含量不断下降，温度升高，大量的 CO_2 逸出，发酵醪上方形成一层皮渣帽盖。当发酵达到高潮时，品温升至最高，酵母菌的细胞数目维持一定水平。然后，发酵势逐渐减弱，表现为 CO_2 含量下降，发酵液表面趋于平静，品温下降至同室温，糖分下降至 1%以下，发酵期的管理主要是控制温度，要把温度控制在 30℃以下，期间要不断翻动汁液，破除“粕帽”。

葡萄汁发酵一般采用开放式、密闭式或连续性三种方式。

1. 开放式发酵

将调整后的果汁送入开口式发酵桶（池）至容积的 4/5，留有 1/5 的空间用以防止发酵时皮渣溢出桶外造成损失。装桶尽量在一天内完成。然后加入发酵旺盛的酵母，加入量为果汁量的 3%～10%。酵母可与果汁一同送入发酵容器，也可先送入酵母后送入果汁，控制适宜的温度。开放式发酵由于直接与空气接触，酵母繁殖速度快，发酵强度大，温度上升得快。

2. 密闭式发酵

将调整后的果汁及发酵旺盛的酵母送入密闭式发酵桶至容量的 4/5。安装发酵栓，发酵过程中产生的 CO_2 多积存于发酵液面上部的空间，可防止发生氧化作用生成挥发性酸。多余的 CO_2 将通过发酵栓逸出。密闭式发酵的进程及管理与开放式发酵基本相同。密闭式发酵的强度不及开放式发酵强度大。其主要优点是可以避免氧化和微生物污染；芳香物质不易挥发；酒精浓度较高；游离酒石酸较多，挥发酸较少；缺点是热量不易散失，必须安装温控设备。

3. 连续发酵法

连续发酵法是指连续输送原料，连续取出产品的发酵方法。第一次送料至连续发酵罐（图 3-19）内皮渣分离器的下端。大约经 4 天发酵即可进入连续发酵。每天定时定量放出发酵酒并送料。送料时打开出酒阀，放出发酵酒。按每升投料量加 150～200mg 二氧化硫的比例加入 SO_2。在送料与放酒的同时开动螺旋推进器将皮渣经漏斗流入皮渣压榨机分离酒液。发酵结束后，可将出酒阀门关闭，打入发酵结束的酒液，顶出皮渣。发酵温度可通过罐内热交换器控制在适宜的范围。

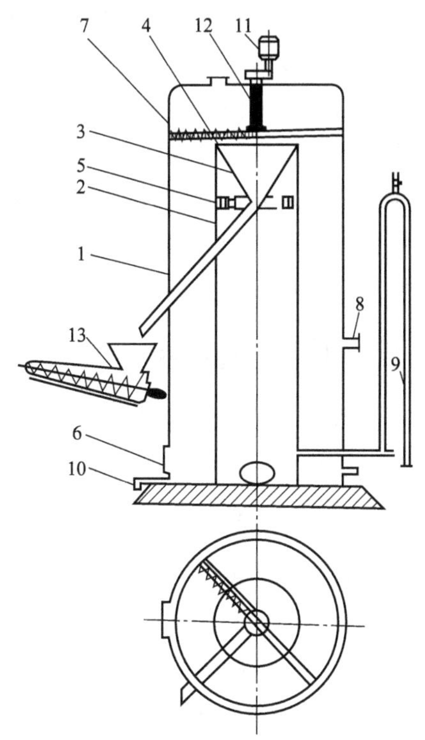

图 3-19　红葡萄酒连续发酵罐示意图

1—罐体；2—分离罐；3—皮渣漏斗；4—螺旋推进器；5—分离筛（3 块）；6—人孔（3 个）；7—推进器导轨；8—葡萄浆入口；9—发酵酒入口（2 个）；10—酒泥排出管；11—电动机；12—主轴；13—皮渣压榨机

（三）发酵记录

在葡萄酒或其他果蔬花卉酒发酵过程中，记录是发酵管理的主要事项，要随时制出图表，观察发酵动向，做好发酵记录。记录内容有以下几方面。

1. 原料情况

选用品种、体积、是否清洁、相对密度、总酸、品温等。

2. 发酵情况

包括温度、糖度、相对密度的变化。

3. 发酵途中各种处理

装罐量，SO_2 浓度、处理时间、用量；泵循环次数、时间、温度控制；出酒时间、自流酒量、相对密度（比重）、发酵温度及时间等。

（四）分离和后发酵

1. 发酵终点

发酵达终点时，残糖量很低，酒精含量接近预定值，相对密度接近 1，品温降至室温，CO_2 气泡稀少，酒渣和酵母下沉，酒醪比较清晰。红葡萄还要确定浸提程度。

2. 分离

分离时先不加压，将能够自动流出的酒放出，这部分酒称为自流酒。然后待 CO_2 逸出后，再取出残渣压榨出残酒，这部分酒为压榨酒，压榨酒约占总酒量的 20%。压榨酒只有酒精含量低于自流酒，其余成分则高于自流酒。最初的压榨酒（约 2/3）可与自流酒混合；而最后压榨出的酒酒体粗糙，不宜直接混合，可通过下胶、过滤等措施使之净化后再混合或单独陈酿，也可做白兰地或酒精。

3. 后发酵

分离出的酒液中含有一定量的残糖，需要做进一步的发酵，降低糖度，这种发酵称为后发酵。因为在压榨和放酒过程中会使空气混入酒中，很容易导致酵母重新活跃起来，所以需要将残糖降至 2g/L。后发酵要求在密闭条件下进行，发酵强度很弱，2～3 周后几乎无 CO_2 逸出。容器要适当装满，以防止病菌繁殖。温度应控制在 20℃以下。后发酵结束后用同类酒装满，严密封口转入陈酿阶段。

五、陈酿与储存

将新陈酿的葡萄酒放于储酒容器内，经一定时间的储存，消除酵母味、CO_2 刺激味等，使品质得以明显改善，这一过程称为酒的老熟或陈酿。

（一）陈酿过程

1. 成熟阶段

葡萄酒或其他果蔬花卉酒经过氧化还原作用及聚合沉淀等物理化学反应，使酒中的不良风味物质逐渐减少，芳香物质不断增加，蛋白质、聚合度大的单宁、果胶、酒石酸等沉淀析出，风味改善，酒体变得澄清，口味醇和，这一阶段约需 6～10 个月。此阶段以氧化作用为主，所以要适当接触空气，以促进酒的成熟。

2. 老化阶段

随着氧气的减少，成熟后的酒在还原作用下产生芳香物质，风味醇香，口味得到进一步改善。

3. 衰老阶段

这时酒的品质开始下降，特殊的果香成分减少，酒石酸和苹果酸相对减少，乳酸增加，会使酒体受到一定影响，因此葡萄酒或其他果蔬花卉酒的储存时间不能一概而论。

（二）储酒室的使用与要求

1. 温度

储酒室的温度一般以 8～18℃为宜。高温可以加快酒的成熟，但也会促进微生物的繁殖。温度较低而且恒定有利于酒的澄清，选择地窖、山洞等作储酒室比较合适。

2. 湿度

储酒室的相对湿度保持 85%比较适宜。环境空气过于干燥会造成酒液蒸发而损失，而过于湿润又易使水蒸气进入酒中而造成稀释，并且有利于微生物的繁殖，会产生不良味道。

3. 其他

储酒室的空气要保持清新，不能有不良气味和 CO_2 积累。注意适当通风，保持稳定的相对湿度。储酒室应保持清洁卫生，墙壁每年应用石灰浆加 10%～15%的硫酸铜喷刷一次，并定期熏硫，地上注意排水。

（三）储存期的管理

1. 添桶

由于酒内 CO_2 的释放、酒液的蒸发、温度下降、酒体的收缩、容器的渗透等原因常出现果蔬花卉酒液面下降的现象，这样会使酒容易接触空气，使醭膜酵母开始活动，所以要及时加满桶。可在储酒器上部安装玻璃满酒器。添桶时须用同批次的葡萄酒或其他果蔬花卉酒添满。

2. 换桶

在陈酿过程中，葡萄酒或其他果蔬花卉酒逐渐澄清，酒中的酒石酸盐、各种微生物和硫化氢、硫醇等有害物质形成的沉淀，长期存在会影响酒的品质，故须换桶，分离沉淀，同时放出 CO_2，溶入新鲜空气，加快酒的成熟。换桶的时间与次数因酒质的不同而有差别，品质较差的酒要早换桶并增加换桶次数。一般于当年 12 月换桶一次，第二年 2～3 月换桶一次，11 月换桶一次，视酒脚情况，6 月前后可增加一次，以后每年一次。注意换桶时间应选择低温无风的时候进行，换桶动作不要过于剧烈，以防止混入太多的空气。

3. SO_2 的应用

在陈酿中 SO_2 可以防止氧化和微生物活动，一般优质葡萄酒中 SO_2 的浓度应保持在 10～20mg/L，白葡萄酒和普通红葡萄酒为 30～40mg/L，加强白葡萄酒为 80～100mg/L。装瓶后的红葡萄酒中 SO_2 的浓度应达 10～20mg/L，干白葡萄酒为 20～30mg/L，加强葡萄酒为 50～60mg/L。

4. 澄清

常用明胶、鱼胶等有机物质作为澄清葡萄酒或其他果蔬花卉酒的材料，用量一般为 15～30mg/L，还有单宁、蛋清或干蛋白等。澄清前如果是果蔬汁澄清一定先做试验，以确定准确的下胶用量。

5. 冷热处理

葡萄酒的陈酿在自然条件下需要时间比较长，一般在 2～3 年以上。只单纯经过澄清处理的酒液，其透明度尚不稳定。为了加速陈酿，缩短酒龄，提高稳定性，可对葡萄酒进行冷热处理。

（1）热处理　升温可加速蛋白质的凝固，提高酒的稳定性，并可杀灭微生物和酶，同时升温也加速了酒的酯化和氧化反应，增进酒的品质；但不宜酿造鲜爽、清新型的产品。热处理的温度、时间尚不统一，有的认为，无论甜葡萄酒或干葡萄酒均以 50～52℃下处理 25 天效果较理想；也有人认为，甜葡萄酒以 55℃为宜。热处理适宜在密闭条件下进行，避免酒精和芳香物质挥发损失。处理温度须稳定，不可太高，以防止产生煮熟味。

(2) 冷处理　在低温条件下，酒中的过饱和酒石酸盐因溶解度降低而结晶析出；低温还增加了酒中氧的溶解，从而使单宁、色素、有机胶体物质和亚铁盐等发生氧化反应而产生沉淀，从而使酒液澄清透明、苦涩味减少。冷处理的温度以高于葡萄酒或其他果蔬花卉酒的冰点温度 0.5℃为宜，不能使酒液结冰。如果酒结冰会导致变味。冷处理的时间和降温速度酌情而定，以迅速降至要求的温度并保持温度稳定，效果比较理想。一般处理的时间为 3～5 天。冷处理可以用专用的热交换器或专用的冷藏库。

(3) 冷热交互处理　冷热交互处理可兼获得上述两种处理的优点，并克服单独使用的不足。先冷处理后热处理可以使葡萄酒更接近自然陈酿的风味。

六、成品调配

葡萄酒或其他果蔬花卉酒的调配主要是勾兑和调整。勾兑是原酒的选择与适当比例的混合，调整是按产品质量标准对勾兑酒的某些成分进行调整。勾兑是为了使不同优缺点的酒相互取长补短，以最大程度地提高葡萄酒或其他果蔬花卉酒的质量和取得较大的经济效益，其比例须凭经验和一定方法得到。一般先选择一种接近标准质量的原酒作为基础原酒，根据其存在缺点再选一种或几种其他酒作勾兑酒，加入一定比例后，进行感官和化学分析，以便确定比例。有些传统的名牌产品也有将不同原料混合后发酵直接获得的。

葡萄酒或其他果蔬花卉酒的调配内容主要包括酒精含量（即酒度）、糖度、酸度等指标。

(一) 酒度

原酒的酒度若低于指标，最好用同品种的酒精含量高的酒进行勾兑调配，也可用同品种的蒸馏酒或精制酒精调配。调配时按下式进行计算：

$$v_1=\frac{b-c}{a-b}\times v_2$$

式中，v_1 为加入酒的体积，L；v_2 为原果酒的体积，L；a 为加入酒的酒度；b 为要达到的酒度；c 为原果酒的酒度。

(二) 糖度

甜葡萄酒或其他果蔬花卉酒若含糖量不足，可用同品种的浓缩果汁调配，效果最佳，也可用精制的砂糖进行调配，视产品的质量而定。

(三) 酸度

酸度不足可以用柠檬酸补充，1g 柠檬酸相当于 0.935g 酒石酸。若酸分过高，则用中性的酒石酸钾进行中和。

（四）色泽

若葡萄酒的颜色太浅，可以用色泽较浓的葡萄酒进行调配。有时也可用葡萄酒色素加以调配，注意一定要用天然色素。

（五）香味

若酒的香味不足，可用同类天然香精进行调补。但调配后的酒有较明显的生酒味，且易产生沉淀，须再陈酿一段时间或进行冷热处理后再进入下一道工序。调配用的各种配料应计算准确，将称好的原料加入配酒容器，尽快混合均匀，尽量少接触空气。配酒容器要求有刻度和搅拌器。配酒时先用泵输入酒精，再送入原酒，最后输入糖浆和其他配料，开动搅拌器，使之充分混合，取样分析合格后再经半年储存，使酒味协调。

七、过滤、杀菌、装瓶

（一）过滤

在进行包装之前，需对葡萄酒或其他果蔬花卉酒进行一次精滤。方法有下列几种。

1. 滤棉过滤法

此方法较古老，滤棉是由精选木浆纤维加入1%～5%的石棉制成的，孔径为15～30μm。刚开始过滤时，由于未产生深度效应，所以酒液不清，以后逐渐变清。在过滤前，一定先洗涤滤棉，并进行杀菌，然后制成一定形状。过滤开始后，将过滤机的进酒管与酒罐相连接。过滤时压力要平稳，最好一罐酒一次过滤完毕。

2. 硅藻土过滤

硅藻土的表面积很大，可将它预涂在具有筛板的空心滤板上，作为过滤的介质，形成1mm左右的过滤层，阻挡并吸附葡萄酒或其他果蔬花卉酒中的浑浊粒子。还可以用它作为助滤剂，连续添加于酒中，达到不断更新滤床的作用。

3. 薄板过滤

这种薄板是由精制的木材纤维和棉纤维掺入石棉和硅藻土压制而成的薄板纸，具有较大的密度和强度。空隙大小按实际需要而定，也可由大孔径到小孔径串联应用，一次过滤效果较好。

4. 微孔滤膜过滤

微孔滤膜是由合成纤维、塑料和金属制成的孔径很小的薄膜。常用的材料有混合纤维素酯、尼龙、聚四氟乙烯、不锈钢或钛等。薄膜厚度为130～150μm，孔径0.5～14μm。微孔滤膜过滤一般用作精滤，可选择孔径小于0.5μm的薄膜过滤，可有效除去酒中的微生物，实现无菌灌装。

（二）包装与杀菌

包装前先取一清洁消毒的空瓶盛酒，用棉塞封口，在常温下对光放置一周，保持清晰不浑浊即可装瓶。

葡萄酒或其他果蔬花卉酒包装一般用玻璃瓶，优质葡萄酒均采用软木塞封口，要求软木塞的表面光滑、无节疤和裂缝、弹性好且大小与瓶口相吻合。其他酒则采用螺纹扭断盖。装瓶时，空瓶要用2%～4%的碱液在50℃以上温度下浸泡后清洗干净，沥干水后杀菌，木塞也进行同样的处理后，再装瓶。

葡萄酒可先经巴氏杀菌再进行热装瓶或冷装瓶，含酒精低的葡萄酒或其他果蔬花卉酒，装瓶后还应进行杀菌，杀菌温度（T）用下式计算：

$$T=75-1.5\phi$$

式中，ϕ 为葡萄酒的酒精含量（体积分数），%；1.5 为经验系数；75 为葡萄酒的杀菌温度，℃。

杀菌后立即装瓶密封（瓶必须清洁无菌）。密封后在 60～70℃下杀菌 10～15min。装瓶杀菌后还需对光检验，合格后贴商标，装箱即为成品。

第三节　其他类型果蔬花卉酒的酿造工艺

一、蒸馏酒的酿造工艺

白兰地（Brandy）为一种蒸馏酒，它是以果蔬、花卉为原料，经发酵、蒸馏、储藏、调配勾兑酿制而成的。常见的有葡萄白兰地、苹果白兰地和樱桃白兰地等，以葡萄白兰地为代表介绍白兰地的酿制。将葡萄经发酵蒸馏而得到的无色透明葡萄酒精，即为原白兰地，原白兰地酒性较劣。因此，必须经过在橡木桶内的长期陈酿、调配勾兑，才能成为真正的白兰地。此时，酒液色泽金黄透明，并具有愉快的芳香味，柔和谐调。

（一）葡萄白兰地酿造的工艺流程

葡萄原料选择→取汁→发酵与储藏→蒸馏→陈酿→过滤→勾兑调配→装瓶

（二）葡萄白兰地酿造的操作要领

1. 原料的选择

多选用白色葡萄品种，用白葡萄酒为基料蒸馏而得到的白兰地为纯正高档的白兰地，其质量优于用红葡萄酒蒸馏而得到的白兰地。白葡萄酒中，以用米斯卡特、白玉霓为原料酿制的白兰地品质最好，季米亚特、白福儿、龙眼等也是酿造白兰地的优良葡萄品种。酿造葡萄原酒的葡萄果实应完好无损，无病害。同时，在原料采收与运输中要防止葡萄果实破损、霉变。

2. 取汁

与白葡萄酒酿造相同，取汁速度要快，且尽量减少工序，以避免氧化。原料破碎后，用立式或卧式压榨机进行压榨。一般不用连续压榨机（如图 3-20 所示），因为连续压榨会使果汁中的多酚物质含量太高。压榨后的果汁立即装罐进行酒精发酵。与传统的白葡萄酒酿造不同，在酒精发酵时，要避免对葡萄汁进行 SO_2 处理。

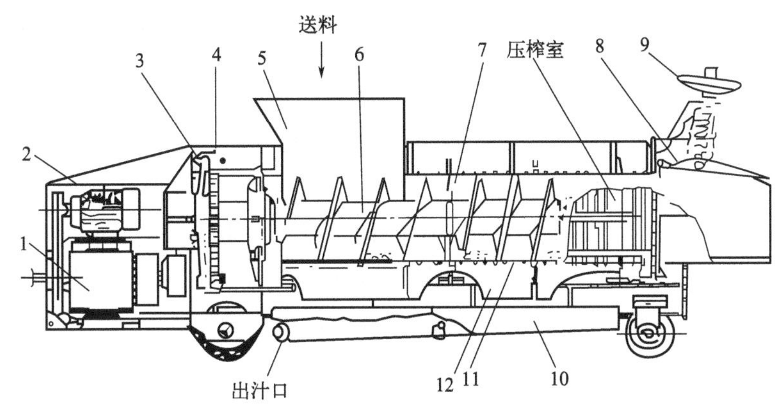

图 3-20 JL-Y450 型连续压榨机

1—变速器；2—电动机；3—拨动机构；4—棘轮；5—进料斗；6—螺旋输送器；7—静态瓣；8—出渣压板；9—出料调节装置；10—集汁槽；11—筛网；12—挡汁板

3. 发酵与储藏

在酒精发酵中，一般不加任何辅助物质，其管理与白葡萄酒酿造相同。酒精发酵结束后，添满发酵罐，在密闭条件下与酒脚一起储藏至蒸馏。有的在酒精发酵结束后再转罐一次，以除去大颗粒酒脚，然后添满酒，密封保存。

4. 蒸馏

酒精发酵液中的主要成分是水和乙醇，还有少量酯类、醛类、酸类和甲醇，这些物质含量甚微，但对白兰地的品质影响很大。上述物质沸点不同（见表 3-2），在常压下水的沸点是 100℃，乙醇的沸点为 78.3℃，甲醇的沸点是 64.7℃，通过不同温度用物理方法将它们由酒精发酵液中分离出来。蒸馏时乙醇先汽化，水也蒸馏出一部分，最初的蒸馏液中乙醇含量高，随后逐渐降低。其他酯、酸、醛类物质，会随乙醇的蒸出或多或少一起进入蒸馏液。这些成分对白兰地特有的口味和香味的形成有着重要的作用。蒸馏中要求乙酸乙酯与丙醇等尽量蒸馏出来，保存于酒液中，而乙醛、戊醇、呋喃甲醛等尽量少或不混入酒液，以保证白兰地的品质。

表 3-2 酒中挥发性物质的沸点 单位：℃

名称	乙醛	丙醇	醋酸	丙酸	呋喃甲醛	挥发性盐基物	乙酸乙酯	异丁醇	戊醇	丁酸	乙二醇
沸点	20	98.5	117.6	140	162.5	155～186	74	106.5	129	160.2	178

用于蒸馏白兰地的白葡萄酒的酒精含量应达到 8.5%～10%，总酸（以 H_2SO_4 计）为 6.5～8.0g/L。

对白兰地葡萄原酒还应进行感官鉴定，鉴定标准见表 3-3。

表 3-3 白兰地葡萄原酒感官鉴定的标准

项目	健康原酒	生病原酒
色泽香味	淡黄、奶状，少量 CO_2 气体，酒脚黄，表面无膜，有 CO_2 气味，香气幽雅、清淡，具酒香、果香，清爽、酸度高	栗色、灰色、黏稠，酒脚栗色具醋味、霉味和苦味，令人恶心，平淡，酸度低，油腻

蒸馏的方式有壶式蒸馏和塔式蒸馏两种。白兰地质量高低既取决于自然条件和葡萄原酒的质量，同时也受所用蒸馏设备和方法的影响。壶式蒸馏可得到酒精含量不高，但保持特殊风味的白兰地；塔式蒸馏可得酒度为 85～95 度的白兰地，但其风味不及壶式蒸馏的好。

以壶式蒸馏器（锅）为代表介绍蒸馏器的结构和蒸馏方法。蒸馏器结构由蒸馏锅、锅帽、预热器、冷凝器等部分组成。

（1）蒸馏锅　必须保持加热均匀且容易清洗。蒸馏锅的底部直接接触火苗，其底部直径决定于锅的体积，如体积为 2000L，则底部直径为 1.60m；若体积为 2500L，直径则为 1.70m。锅底必须凸出，如图 3-21 所示。

图 3-21 壶式蒸馏灭菌器

（2）锅帽　锅帽的作用是防止葡萄酒溢出蒸馏锅，在蒸馏中馏出物凝结于锅帽内壁上。凝结物量取决于帽的体积，更主要取决于内壁的表面积。若蒸馏锅的体积为1000L，帽的体积为10L，其内壁的表面积最少为0.9～1.0m^2。帽的冷管由鹅颈管连接。鹅颈管与锅帽的连接处应尽量大，并以一定角度变细。

（3）预热器　预热器可以把蒸馏的原酒预热至60～70℃。对葡萄酒的预热，应使其温度高于70℃。

（4）冷凝器　酒精蒸汽由顶部进入冷凝器，而冷凝水由下向上循环。冷凝的圆筒体积为锅的2倍。还有蒸馏锅的体积与冷凝蛇形管的长度要相匹配，一般1500L的锅，管长应为40～45m，2000L的锅，管长应为55～60m。蒸馏分两次进行，先蒸馏原酒，获得低密度蒸馏酒。再蒸馏低度蒸馏酒，获得白兰地。第一次蒸馏是对葡萄原酒或94%的葡萄原酒和6%的头、尾（酒头、酒尾）的混合物进行蒸馏。将葡萄原酒装入蒸馏锅中，装入量相当于锅容量的五分之四，点火并将火开至最大。短时间内使葡萄原酒全部沸腾，然后将火减弱。前15min的蒸馏物为酒头，酒精含量为58.4%左右，色泽棕绿。以后蒸馏出的物质为酒身，持续7～8h，随着时间的推移，酒精含量逐渐降低，待降至1%～8%时，停止取酒身，以后的蒸馏酒为酒尾。第二次蒸馏出的酒分成五个部分：酒头、次头、酒身、次尾、酒尾。此次蒸馏是取第一次蒸馏的酒身或者是将它与前次蒸馏的次头、次尾进行混合蒸馏。时间持续12h，比第一次蒸馏要求的条件更高。火力宜小，缓慢蒸馏，以减少高沸点物质被拖带出来而影响白兰地的品质。刚开始蒸馏出的酒液为酒头，含低沸点的醛类较多，对酒质有影响，应单独用容器存放，约占总量的0.4%～2.0%。以后蒸馏出的酒质量好，为所需要的白兰地。最后蒸馏出的为酒尾，含高沸点的物质多，质量差，应单独用容器盛放，和酒头混合后加入下次蒸馏的原料中再蒸馏。对第二次蒸馏的酒身进行陈酿。

5. 陈酿

新蒸馏的白兰地，品质粗糙，香味欠圆熟，必须在橡木桶内存放，陈酿一定时间，目的是改善产品的色、香、味。传统的陈酿方法是将白兰地装入橡木桶，容积300～500L。存放在通风、干燥、阴凉的室内。陈酿时间为5～10年，甚至20～30年，时间越长，色泽愈深，香味愈浓，风味愈柔和细腻。也可用搪瓷或涂了料的金属桶，或镶砖涂料的水泥地等大型容器盛装白兰地进行陈酿，在装入白兰地的同时，装入一些橡木片或刨花，以取得与橡木桶相近的效果。在陈酿中，白兰地体积减小，酒精含量下降，其中发生一系列其他物理化学变化，主要包括白兰地对橡木桶壁中单宁的浸渍溶解，酸度以及酯类、高级醇和色素等的含量增加，以及氧化、水解、醛缩反应等化学变化。这些变化使新蒸馏出的白兰地逐渐成熟，具有独特的风味和质量。

白兰地自然陈酿的时间长，速度慢。现在很多白兰地酿造者在积极研究缩短陈酿的时间、加速陈化的方法。常用加速陈化的方法如把橡木片置于稀强碱溶液中，于10～16℃下浸泡2天，然后再将该橡木片放入白兰地中，于20～25℃下存放6～8个月，定期引入氧气（15～200mg/L）。这种处理过程相当于3～5年的自然陈酿过程。

6. 过滤

随着陈酿时间的延长，白兰地内的某些物质溶解度降低而沉淀，必须进行过滤。方法是先将白兰地冷却至10℃，并在此温度下保持24h，再用纸板过滤器过滤。

7. 勾兑调配

为了得到高质量的白兰地，只靠原白兰地长时间在橡木桶内陈酿是不能达到目的的。因为生产周期过长而且会导致酒质不稳定。所以勾兑与调配是白兰地生产中获得高质量且酒质稳定的关键。白兰地勾兑是在不同品种原白兰地之间、不同木桶储存的原白兰地之间及不同酒龄的原白兰地之间进行，以获得品质优良一致的白兰地。经勾兑的白兰地还要进行酒度（酒精含量）、糖度及色度的调整。

成品白兰地的酒精含量一般要求最低为39%，最高为45%，多数为42%～43%。而新蒸馏出的白兰地酒精含量高达70%，如完全依靠自然陈化，使酒精含量降至40%，需用约50年时间。因此，陈酿前应人为地降低白兰地的酒精含量。先将少量白兰地用蒸馏水稀释，使其酒精含量为27%，储放一定时间后，加到高酒度的白兰地内，分次加入，每次降低酒精含量为8%～9%。然后过滤并存储一定时间，再进行下次加入，否则质量会受影响。

为使白兰地柔和、醇厚，装瓶前需加入糖浆，以提高白兰地的含糖量。糖浆一般用酒精含量为40%的白兰地溶解30%的甘蔗糖而得到。

最后，若白兰地的色度不够，还应加入糖色素人工提高色度。如香味不足则需要增香。

经过精心勾兑和调配的白兰地还应再经过一定时间的储存，使之风味调和。若出现浑浊，需进行过滤或加胶澄清，必要时再进行勾兑和一系列的处理才能装瓶出厂。

二、起泡酒的酿造工艺

起泡酒又称发泡酒，是一类含大量CO_2的果蔬花卉酒。其特点是营养丰富、酒度低、清凉爽口，深受消费者青睐。下面以起泡葡萄酒为例介绍其酿造工艺。

起泡葡萄酒是以白葡萄原酒为原料经密闭二次发酵产生CO_2，在20℃下CO_2形成的压力≥0.35MPa的葡萄酒。由人工充填CO_2所制成的起泡葡萄酒称为加气起泡葡萄酒。香槟酒是法国香槟地区酿造的经二次发酵的起泡葡萄酒。

（一）原酒制备

起泡葡萄酒的原料酒（即酒基）的加工方法与白葡萄酒相同。原酒酿造要求

用澄清葡萄汁在15℃下低温发酵，为了防止氧化或香味损失，在低温发酵中必须尽量避免接触空气。要求原酒的质量标准为：酒精9%～11%（体积分数），糖含量<4g/L，酸6～7g/L，单宁≥0.05g/L，游离二氧化硫≤30mg/kg。

（二）瓶式发酵

将原酒中加入适量糖分，装入特制的酒瓶内，接种5%的液体培养酵母菌，封闭瓶口置于9～11℃下进行第二次发酵。

原酒中加糖量为24～25g/L。在10℃条件下，糖会发酵产生0.6MPa的CO_2分压。加入原酒中的糖一般先制成糖浆，先用陈酒或新葡萄酒将糖溶化，为加速糖的溶解，可加热糖化，注意不能老化，更不能有焦糖味。糖浆制好后经过滤储存50～60天便可使用。自然转化的糖浆有利于酒质量的提高。

当瓶中的压力达到要求的标准，残糖下降至1g/L以下时，发酵即结束。再将酒瓶转移至特制的酒架上，让其成熟，使酒中的酵母和其他物质沉淀析出，集中沉积于瓶口，以便于去除。酒瓶倒置在酒架上，开始要经常转动瓶子，使沉淀物集中于瓶口处。

清除沉积于瓶口的沉淀物为“吐渣”。先将倒立的酒瓶以垂直状态由瓶架移至低温操作室。保持倒立在－24～－22℃下的冰水槽内降温，直至瓶口处沉积物与酒呈冰塞状。使瓶倾斜45°，将瓶口插入特制的瓶套内，快速开塞，借助CO_2的压力排出沉淀物。随后迅速将瓶口插入补料机上，用同类原酒补充喷出损失的酒液。

根据生产类型和产品标准，对产品成分进行调整，可在添料后的储酒罐中加入一些糖浆、白兰地、防腐剂等。若生产干型起泡酒，可补充同批原酒或同批起泡酒。若生产半干、半甜、甜型起泡酒，可补充同类原酒配置的糖浆。若想提高起泡酒的酒度，可补充白兰地。从开塞到补加料酒这些操作应在尽量短的时间内完成。然后迅速压盖或加软木塞，捆上铁扣，侧置或横放于酒窖中存放。

酵母菌的生长发育受CO_2压力的影响，特别是pH值较低、偏酸和酒度较高时更为明显。当CO_2的压力达到0.7MPa、pH值较低时，酵母菌就停止发酵。

由瓶转入罐中的吐杂填充操作可用转移机完成。其工艺流程为：当瓶内压力达到要求时，开启瓶塞，用吸酒器将酒倾入密封保压的酒罐内。在罐内调整成分，品温保持在－5～5℃，沉淀物沉于罐底。将瓶子清洗干净待用。罐中的酒经过滤后再装入瓶中，密封，储存。装瓶要在低温下进行，以保持CO_2的压力和原有的泡沫性能。采用这种方法可使酒质一致、澄清，损耗少。如能在厌氧条件下操作，酒的质量会更好。

（三）罐式发酵

罐式发酵选用的酒基与瓶式发酵相同。但其设备、工艺均较先进，生产效率高。二次发酵罐是一夹层罐，可降温又可升温，并具有控制压力的装置，可释放过量的 CO_2。

先将罐冲洗干净再通入蒸汽并维持 40min 进行蒸汽杀菌。然后冷却，装入调整后的原酒至容积的五分之四，升温至 60℃并维持 30min，随后冷却至常温。接种 5%的酵母菌在低温下进行二次发酵。发酵初期温度可略高些，以促进酵母菌的繁殖。4～5 天后进入旺盛期，要控制发酵温度在适宜的范围内。经 10～15 天后发酵完成，要降低品温，使发酵液中的酵母和杂质沉淀并随时清除，整个发酵过程在密闭条件下进行。注意观察发酵情况，每天测量品温、耗糖量和压力。完成发酵的酒要进行冷处理和过滤，以提高酒的稳定性，使之清澈、透明。随即在低温下装瓶，加塞封闭即为成品。

(四) 加气起泡葡萄酒的酿造

加气起泡葡萄酒的酒基同瓶式起泡葡萄酒。若制作甜型加气酒则需加入一定量的含糖量为 50g/L 的糖浆；半甜型加气酒的含糖量为 12～50g/L；若制作干型酒则不必加糖。将调整后的原酒经热、冷处理，除去沉淀物和杂质，过滤后泵入二氧化碳混合器，使 CO_2 溶入酒中，装瓶并封口即为成品。装瓶时应注意对每个瓶子试压，先用二氧化碳气冲走瓶中的空气后再灌瓶。

三、配制酒的酿造工艺

配制酒也叫果蔬花卉露酒，多以葡萄酒为酒基，加鲜花、果皮、中药材等进行浸泡，或者直接把一些花、果、药材浸泡在食用酒精中，有的进行调糖、酸、香、色制成酒度为 12～45 度、糖度为 8～55°Bx、酸为 0.18%～0.8%的成品。以味美思为例介绍配制酒的酿造工艺。

味美思是鸡尾酒的主体。它起源于欧洲，多用高档白葡萄酒和多种中药材配制而成。此酒属于苦味酒，以意大利的甜味美思和法国的干味美思在国际上最有名。酒度为 16～18 度，糖度为 4～16°Bx。

按色泽将味美思分为红、桃红和白味美思三种类型，按糖度分为甜和干型。酿造工艺有加香发酵法、直接浸泡法和浸提液制备法。也可在酒中填充一定量的 CO_2 制成味美思汽酒。常以苦艾等苦味药材作为味美思的主要配料，再辅以其他几十种药材，因不同品种选料各异。

白味美思不需调色，红味美思需用糖浆和糖色进行调色。

(一) 原酒生产

白葡萄酒为味美思的原酒。因味美思品种不同对原酒的要求也不同。白味美思，特别是清香型产品一般采用新鲜、储藏期较短的白葡萄酒为原酒，为防止酒的氧化，在储藏期间须加 SO_2，用量为 40mg/L。红味美思及酒香或药香型产品

则采用储藏时间较长的氧化型白葡萄酒为原酒。有些产品的原酒须储藏在柞木桶中，储藏期可不加或少加 SO_2。在储藏前需用原白兰地或酒精将酒度调至 16～18 度。若用新柞木桶储藏原酒，时间不宜过长，以减少桶中单宁及可浸出物含量，储藏一段时间后即转入老柞木桶中。木桶使用年限一般为 30 年，为提高储藏效率，木桶使用 3～5 年后可将内壁刮削一层后再用。

（二）加香

加香的方法一般是先将药材制成浸提液，再与原酒调和。若用原酒直接浸提发酵需不断搅拌，且增加澄清过滤的工序，还有容器利用率低，不便于大规模生产的缺点。现在已有商品味美思调和香料上市出售。

（三）成分调配

按标准要求加入香料成分后，还要及时对酒的酒度、糖分、酸、色等进行调整。白味美思可用蔗糖或甜白葡萄酒调整糖度，可直接用原酒溶解蔗糖，也可先制成糖浆，再进行调整。红味美思可用糖浆调整糖度。糖浆的制法为：蔗糖 100kg 加水 15kg，直火加热，温度控制在 150℃，不断搅拌，1h 左右糖色变为棕褐色即可，加水冷却至 100L。

红味美思用糖调色，用量一般为 15kg/kL。糖色制法：25kg 糖加 2L 水，直火加热，温度控制在 160～170℃，不断搅拌，经 2～2.5h，取少量糖液溶于水中，若呈紫红色，味微苦不甜，即加蒸馏水 6.5L，煮沸后出锅冷却待用。

（四）储藏

成分调整后，上等的味美思需在柞木桶内储藏一定时间，以使酒体通过木桶壁的木质微孔完成酯化陈化过程，并浸出木质中的增香成分。

白味美思可储藏于不锈钢罐内或者老木桶内。若储藏于老木桶中需经常检查，以免时间过长苦味加重、色泽加深。红味美思储藏在新桶的时间也不宜过长，新老木桶要交替使用。好的红味美思至少在木桶内储藏一年。

（五）低温处理

为使酒中部分酒石酸盐和大量胶质沉淀，酒液澄清，需将味美思在其冰点条件下保持 7 天，可使风味明显改善。

（六）澄清过滤

味美思中含有大量植物胶质类物质，酒液黏稠，给澄清过滤带来一定难度，但部分植物胶又有保护胶体的作用，处理好的味美思可以放置十几年而不沉淀，且口感更佳。

可用下胶、下皂土等方法对味美思进行澄清。鱼胶用量约为 0.03%。皂土可吸附一定量的色素，所以可用下皂土法澄清色泽较深的白味美思，用量为

0.04%左右。也可将胶与皂土按1∶(5～10)的比例混合使用对味美思进行澄清。

味美思的黏度较大，棉饼吸附性较强，可采用棉饼过滤。但棉饼过滤一次会使味美思减少10%～20%，在调配时需多加一些。

第四节 果蔬花卉产品制醋工艺

一、工艺流程

选择原料 → 清洗除杂 → 破碎(榨汁) → 预煮(澄清)（果胶酶） → 酒精发酵（酵母菌） → 保温 → 醋酸发酵（醋酸菌） → 过滤 → 勾兑 → 装瓶 → 封口 → 贴标 → 质检 → 成品

二、原料的选择和预处理

(一) 选择原料

各种水果、蔬菜、花卉及各种瓜果的皮、果核、碎肉及加工原料汁液、剩余糖水等，只要无污染、无霉烂变质均可利用。

(二) 清洗去杂

选用的原料一定要清洗干净，及时去除杂质、霉烂变质部分，以便投料。

(三) 破碎榨汁

用机械将各种果、菜、核、皮破碎成小块，榨取汁液。

(四) 预煮澄清

先将汁液加热至95～98℃，然后冷却至50℃，加入用黑曲霉制成的麸曲2%或果胶酶0.01%，温度保持在40～50℃，维持1～2h。然后过滤澄清，便于酵母菌进行酒精发酵。

三、酵母的制备

使糖液或糖化醪进行一系列酒精发酵的原动力为酵母，即“发酵之母”。有大量酵母菌的培养液（大量繁殖的酵母液）就是发酵剂，这种发酵剂在酿酒制醋中称为酵母，有的叫酒母。酵母菌属于真菌类，是人类实践中应用较广泛的一类单细胞微生物。

传统的酿醋在酒精发酵中利用的酵母菌是靠各种曲子及空气中自然落入而繁殖的，有的用上批优良醅子做“引子”进行酒精发酵。由于发酵功能不同，造成含醋风味不稳定。原料出醋率低，有的用1kg原料仅出0.6kg醋。新工艺酿醋采用人工培育酵母，出酒出醋率提高，产品质量稳定，但醋的风味不及传统工艺的好。为了提高产量、稳定质量应选择产酒率高，发酵迅速，适应性好，变异小，较稳定的菌株。

酵母扩大培养工艺流程如下：

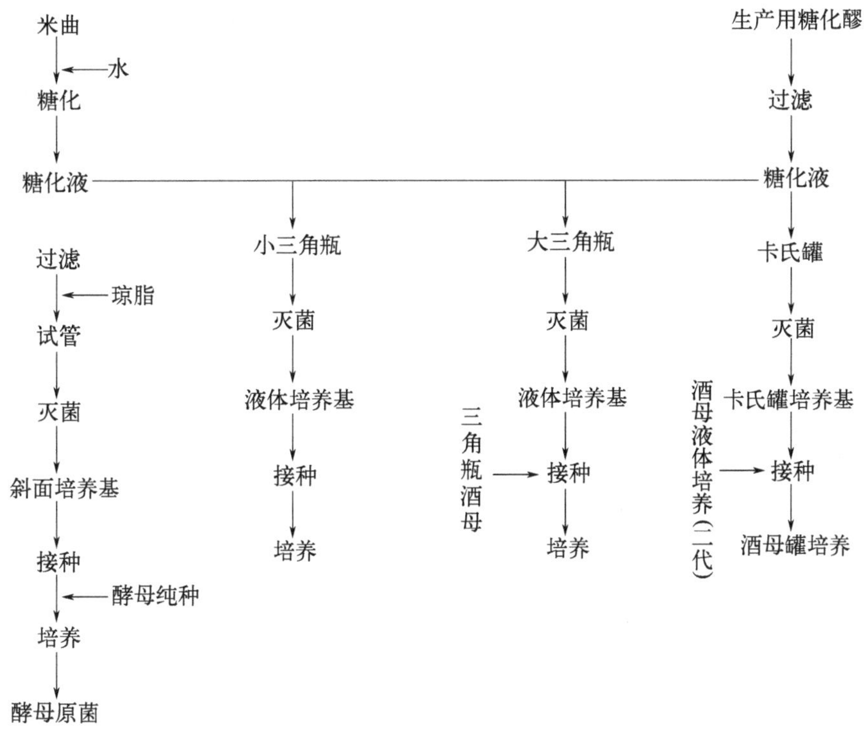

(一) 酵母原菌试管培养及保藏

以麦芽汁或米曲汁制成试管斜面培养基。

麦芽汁（或米曲汁）7°Bé，调pH为4.5～5.0，琼脂2%，0.1MPa灭菌30min，温度控制在26～38℃，培养3天后，于4℃左右保藏，三个月接种移植一次。

(二) 小三角瓶扩大培养

用7°Bé米曲汁或麦芽汁作为液体培养基，大量生产糖化醪。过滤后将糖液稀释为7°Bé，pH值调至4.1～4.4。将其分装于250mL的小三角瓶中，每瓶150mL，液体培养基的灭菌与斜面培养基的灭菌要求相同。在无菌操作下，将试管内原菌接种于小三角瓶培养液内，摇匀，若为K氏酵母，于26～28℃培养。因不同菌种对温度要求有别，若用1308号菌种，培养温度则为30～32℃，培养时间一般为24h。当瓶内有二氧化碳气泡出现，且瓶底有白色酵母沉淀，酵母达旺盛繁殖期即可，要求纯粹无杂菌。

（三）大三角瓶培养

液体培养基同小三角瓶。将 500mL 培养基注入 1000mL 大三角瓶中。于无菌操作下，将小三角瓶内刚培养 24h 的酵母液 25mL 移至大三角瓶培养液内，摇匀。培养温度同小三角瓶，培养时间，K 氏酵母为 18～20h，1308 号酵母为 10～12h。

（四）卡氏罐培养

卡氏罐一般由锡或不锈钢制成，容量 15L，培养基采用稀释至 8～9°Bé 的生产糖化醪，pH 为 4.1～4.4。将 7.5L 糖化醪注入 15L 的卡氏罐内，用棉塞封闭上口，扎好油纸，0.1MPa 灭菌 30min。当温度降至 25～30℃时，先用 70%～75%的酒精对卡氏罐口及大三角瓶口擦拭消毒，然后迅速将大三角瓶内刚培养好的 500mL 酵母液注入卡氏罐内，摇匀。用卡氏酵母于 26～28℃下培养 18h，也可为 8～10h。

（五）酒母制造

制造酒母用的设备有大罐、培养罐和自吸式发酵罐（或一般酒母培养罐）。

制作酒母流程：卡氏罐→小酒母罐→大酒母罐→成熟酒母。

卡氏酵母制造酒母过程见表 3-4。

表 3-4　卡氏酵母制造酒母过程

项目	斜面试管	小三角瓶	大三角瓶	卡氏罐	酒母
容器容量	1.5mm×16mm	250mL	1000mL	15L	600L
接种量	4～5mL	150mL	500mL	7.5L	500L
扩大倍数	移种	1～2	20	15	10
培养基	米曲 7°Bé 琼脂 2%～2.5% pH 4.1～4.4	糖化醪稀释 至 7°Bé pH 4.1～4.4	糖化醪稀释 至 7°Bé pH 4.1～4.4	糖化醪稀释 至 8～9°Bé pH 4.1～4.4	糖化醪稀释 至 8～9°Bé
培养基酸度/(g/100mL)		0.1～0.2	0.1～0.2	0.2～0.3	0.2～0.3
培养温度	26～28℃	26～28℃	26～28℃	26～28℃	26～28℃
培养时间	3d	24h	18～20h	18h	8～10h
酵母菌数及出芽率					(0.9～1)亿个/mL
杂菌情况	无	无	无	极少	微量

可用间歇培养法和半连续式培养法两种方法培养酒母，我国醋厂多用间歇培养法。

间歇培养法：首先将酒母罐洗刷干净并对罐体、管道进行灭菌消毒，然后将酒母糖化醪打入小酒母罐中，并接入已培养成熟的卡氏罐酒母。通入无菌空气，

机械搅拌均匀，并溶解一定量氧气，供酵母旺盛繁殖，也可用自吸式培养罐。温度控制在26～28℃（不同酵母菌温度不同），当液面有大量二氧化碳气泡出现，醪液糖度降低时，即为培养成熟。

酒母的质量直接影响酒精发酵效果。培养的酒母优良健壮，酒精发酵率会高。好的酒母要求酵母细胞整齐、健壮、数量大、杂菌少、降糖快。对酒母质量要求如下。

1. 酵母细胞数

成熟的酒母醪，酵母细胞应为1亿个/mL左右。

2. 出芽率

成熟酒母的出芽率要求在15%～30%。这是判断酵母繁殖旺盛与否的一项指标。若出芽率高，表明酵母旺盛生长，反之则表明培养过程中存在问题，要依具体情况采取措施加以解决。

3. 酵母死亡率

用美蓝对酵母细胞进行染色，若细胞呈现蓝色，则表明该酵母细胞已死亡。若死亡率在1%以上，要及时查明原因并加以解决。正常培养的酒母不应有死亡现象发生。

4. 酸度

若成熟酒母醪中酸度明显增高，表明酒母受产酸细菌污染。若镜检发现很多杆状细菌，酸度增高太多，则不宜作种子用。测定酒母醪中的酸度是判断酒母是否被细菌污染的一项指标。

四、液态酒精发酵

将糖化醪冷却至27～30℃后，接种相当于糖化醪10%的酵母并混合均匀。将温度控制在30～33℃，发酵时间60～70h，即成熟。若发酵罐容量大而糖化罐容量小，可采用分次添加法。先将糖化醪注入发酵罐，注入量为罐容积的三分之一，接入10%的酒母进行发酵，间隔2～3h，加入第二次糖化醪。再隔2～3h，加入第三次糖化醪。如此往复，直至达到发酵罐容积的90%为止。注意加满时间不超过8h，因为时间拖延太长会降低淀粉产酒率。酒精发酵醪成熟的指标为：①酒精含量6%左右（主料与水1∶6）；②可溶性固形物0.5%以下；③残糖0.3%以下；④总酸0.6%以下。

五、液体深层发酵

此发酵法是利用发酵罐通过液体深层发酵生产食醋的方法，自20世纪70年代我国应用于生产，多家工厂采用此方法，国外更普遍。

（一）工艺流程

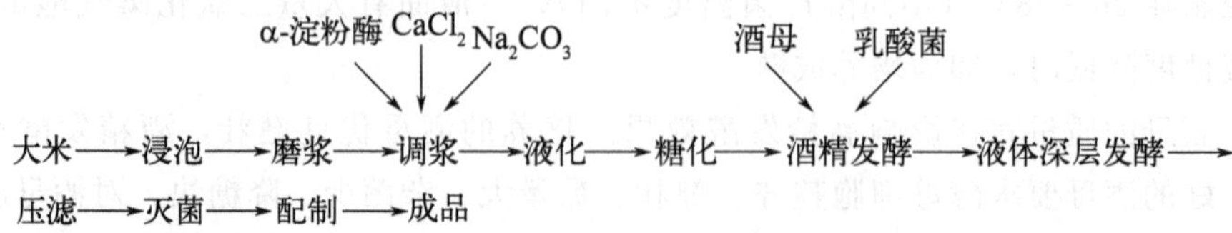

（二）主要设备

原料液化、糖化和酒精发酵所用设备与酶法液化回流制醋的设备相同。醋酸发酵多采用自吸式发酵罐（图 3-22）。该发酵罐的优点是投资少，因它省去了空压机和空气净化系统，使耗能降低 20%，且进气后形成的气泡少，溶解氧气多，能很好地满足醋酸菌对溶解氧的要求。

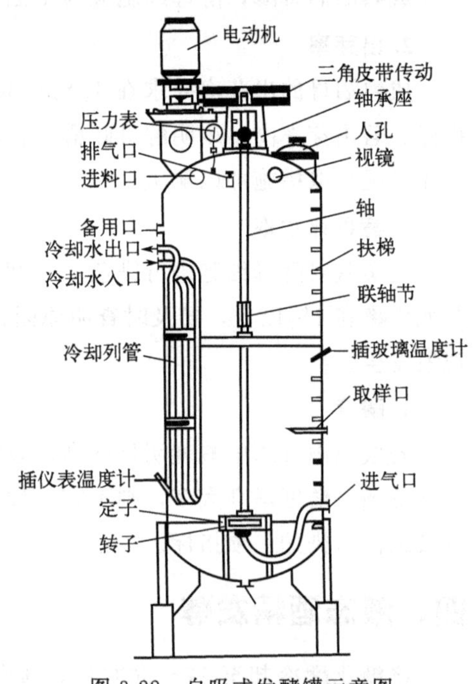

图 3-22　自吸式发酵罐示意图

（三）操作要领

1. 原料液化、糖化

① 大米浸泡吸水后磨浆，浓度为 18～20°Bé，将粉浆送入液化、糖化桶中，升温至 30℃。

② 加入 $CaCl_2$ 和 Na_2CO_3，分别为原料质量的 0.2%和 0.1%～0.2%。将 pH 值调整为 6.2～6.4，升温至 50℃，并按 60～80 U/g 原料加入 α-淀粉酶制剂。

③ 拌匀后升温至 85～90℃，并维持 15min，再升温至 100℃维持 20min。

④ 迅速将发酵醪温度降至 63～65℃，加入麸曲（为原料的 10%）或按 1g 淀粉加入 100U 糖化酶制剂，糖化 1～1.5h。

2. 酒精发酵

① 糖化醪被泵入酒精发酵罐内后，加水使糖化醪的浓度为 8.5°Bé，并降温至 32℃。

② 接种酒母于罐中，接入量为糖化醪液量的 10%，同时加入相当于 2%酒母量的乳酸菌液及 20%的生香酵母，共同进行酒精发酵 3～5 天。有时在酒精发酵后期再接入乙酸菌共同发酵，多种菌共同发酵可增加酒醪中的不挥发性酸、香味成分，改善醋的风味。酒精发酵结束时，酒醪的酒精含量为 6%～7%。

3. 醋酸发酵

① 将酒醪泵入洗净灭过菌的发酵罐内，装液量为罐容积的 70%，醪液淹没自吸式发酵罐转子时，再启动进行自吸通风搅拌。

② 接入装液量 10%的醋酸菌种子液。

发酵适宜条件：温度 33～35℃，酸度 2%，发酵通风比 1：(0.08～0.1)，40～60h 可完成。

③ 酒精被耗完，醋酸量稳定则发酵结束。升温至 80℃，保持 10min 灭菌。

④ 改善醋的风味。用固态发酵醋醅制成熏醅，再用深层发酵的醋液浸泡熏醅，淋出的醋液香气和色泽可以得到改善。增加陈酿时间也是提高深层发酵醋质量的方法之一，可将醋液储存于不锈钢罐或陶瓷罐内 2～3 个月，长时间储存可使醋中酯类物质增多，醋液经澄清或压滤，加入炒米色和 0.1%的苯甲酸钠，质量符合标准后即为成品。

为克服深层发酵醋风味较差的缺点，在主料中可适当添加小麦粉、豆饼粉等含蛋白质丰富的原料或在进行醋酸发酵前添加蛋白质水解醪，以增加风味成分的前体物。

六、固态酒精发酵法

固态酒精发酵一般采用比较低的温度，让糖化作用与酒精发酵作用同时进行，即边糖化边发酵。固态酒精发酵开始进行得较缓慢，发酵时间应适当延长。由于固态原料组织紧密，糖化较困难，且淀粉不容易被充分利用，残余淀粉较多，出酒率低于液态酒精发酵，但由于固态醅具有较多的气-固、液-固界面，发酵会与液态发酵不同，酸、酯有所增加，酒精含量略低，香气风味较好。

(一) 一般固态发酵法制醋

1. 工艺流程

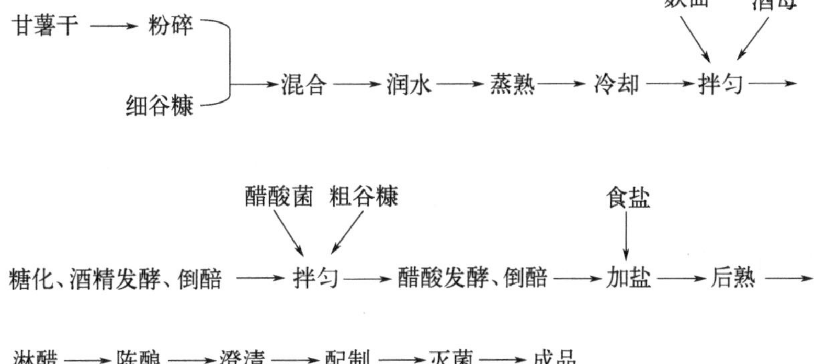

2. 操作要领

（1）原料配比（kg） 薯干（100）、细谷糠（175）蒸前加水 275，蒸后加水 125、麸曲 50、酒母 40、粗谷糠 50、醋酸菌种子 40、食盐 7.5～15。

（2）原料处理 粉碎混匀后加第一次水（润水），随加随翻，加 50%的水浸 3～4h，使原料充分吸水。蒸料，用旋转煮锅加压 150kPa 蒸 40min，熟料取出后用扬料机扬散，过筛、除团粒、冷却。

（3）添加麸曲及酒母 熟料夏天降温至 30～33℃、冬天在 40℃以下后，两次加水 25%～30%，拌匀摊平，麸曲铺面层均匀撒上酒母，拌匀后入缸，每缸 160kg，醋醅含水量以 60%～62%为宜，醅温控制在 24～28℃。

（4）淀粉糖化和酒精发酵 醋醅入缸后压实，赶走空气，盖上草盖。室温控制在 28℃左右，当醅温达 38℃时，倒醅，方法是每 10～20 个缸留一个空缸，把升温的倒入空缸，依次进行，全部倒完继续发酵。5～8h 后，醅温又上升至 38～39℃，再倒醅一次。此后，正常醋醅的醅温在 38～40℃，每天倒一次，两天后醅温逐渐降低。第五天，醅温降至 30～35℃，表明糖化及酒精发酵已完成。

（5）醋酸发酵 酒精发酵后，每缸拌入粗谷糠 10kg 及醋酸菌种子 8kg。2～3 天后，醅温升高，应控制醅温在 33～41℃，不超过 42℃。用倒醅法控制温度并使空气流通，每天倒一次，12 天左右温度开始下降。当醋酸含量达 7%以上，温度降至 38℃以下，醋酸发酵结束，加入食盐。

（6）加盐后熟 加盐的目的是防止熟醋醅过度氧化，加盐量通常为醋醅的 1.5%～2%。夏季每缸醋醅加盐 3kg、冬季 1.5kg，拌匀放置 2 天。

（7）淋醋 用水将成熟醋醅的有用成分淋溶出来，得到醋液。淋醋的设备是陶瓷淋缸或涂料耐酸水泥池，缸或池内安装木箅，下设漏口或阀门。

（8）陈酿 醋酸发酵后为改善食醋风味需进行储存、后熟，方法有两种，一种是醋醅陈酿，将加盐成熟固态醋醅压实，上盖食盐一层，并用泥土和盐卤制成泥浆密封缸面，放置 20～30 天；二是醋液陈酿，将成品醋装坛封存 30～60 天。陈酿后可增加醋的香味。经过陈酿的醋叫陈醋，一般醋的酸度在 5%以上，否则易败坏。

（9）灭菌及配制成品 头醋进入澄清池沉淀，得澄清醋液，调整其浓度、成分，使其符合标准，除现售产品及高档醋外，要加 0.1%的苯甲酸钠防腐。灭菌又称煎醋，煎醋是用加热方法把陈醋或新淋醋中的微生物杀死，破坏残存的酶，使醋成分基本稳定。生醋加热至 85～90℃持续 30～40min 进行灭菌，然后包装即为成品。常用的灭菌方法是直接加热和蛇管热交换器加热。采用这种酿醋工艺，一般每 100kg 薯粉可产 700kg 含 5%醋酸的食醋。

（二）酶法液化通风回流制醋

这种方法是利用自然通风和醋汁回流代替倒醅。该方法比一般固态发酵法劳动强度小、效率高，出汁率提高 16%。

1. 工艺流程

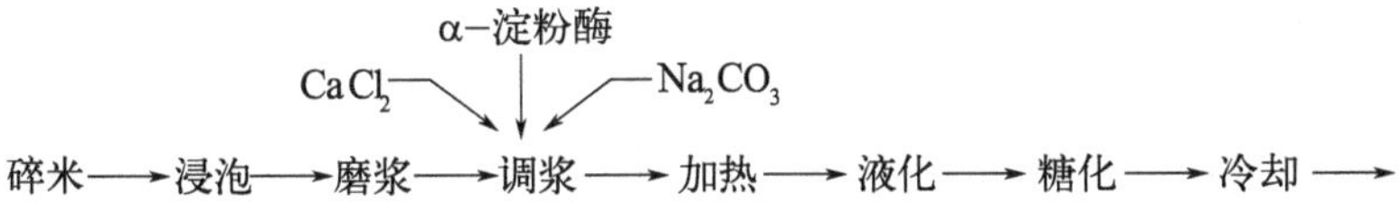

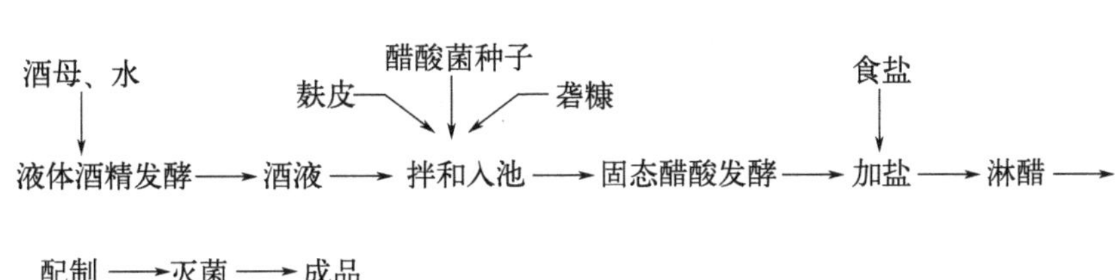

2. 设备

（1）钢磨。

（2）液化及糖化桶　由钢板制成的圆柱形桶，内有搅拌器、冷却管、蒸汽管。调浆、液化、糖化三道工序都可以在桶内进行。

（3）酒精发酵罐。

（4）醋酸发酵池　高 2.45m、容积 $30m^3$，内壁砌有耐酸瓷砖的圆柱形水泥池（图 3-23）。在距底部 15～20 cm 处设有假底，把池分为上、下两层，假底上面装醋醅、下面存留醋汁。假底下面的池壁上设有直径 10 cm 的通风洞 12 个。回流醋汁用泵打入池上部开有小孔的喷淋管。利用液压喷出醋汁使喷管旋转，把回流液均匀地浇在醋醅上。

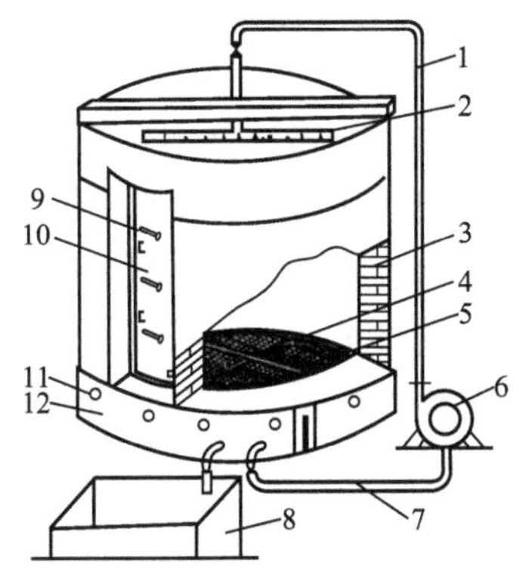

图 3-23　醋酸发酵水泥池

1—回流管；2—喷淋管；3—水泥池壁；4—木架；5—竹篾假底；6—水泵；7—醋汁管；8—储醋池；9—温度计；10—出渣门；11—通风洞；12—醋汁存留处

（5）制醅机。

3. 操作要领

（1）原料配比　一个发酵池内的原料为碎米 1200kg、麸皮 1400kg、砻糠

1650kg、水 3250kg、食盐 100kg、酒母 500kg、醋酸菌种子 200kg、麸曲 60kg、α-淀粉酶 3.9kg、氯化钙 2.4kg、碳酸钠 1.2kg。

（2）水磨和调浆　用水浸泡碎米，使其充分吸水膨胀。按米、水为 1∶1.5 的比例送入磨粉机，将其磨成 70 目以上的细度浆后，转入调浆桶，用碳酸钠调 pH 为 6.2～6.4，再加入氯化钙和 α-淀粉酶，充分搅拌均匀。

（3）液化与糖化　将上述浆料加热至 85～92℃，保持 10～15min，用碘液检测呈棕黄色则表示达到了液化终点，然后升温至 100℃，保持 10min，以灭菌并使酶失去活性。将液化醪冷却至 63℃，加入麸曲，糖化 3h。糖化完毕，冷却至 27℃，将糖化醪泵入酒精发酵罐。

（4）酒精发酵　将 3000kg 糖化醪送入发酵罐中，加水 3250kg，调节 pH 值为 4.2～4.4，接入酒母 500kg，控制醪液温度在 33℃左右，发酵时间约 64h，酒醪的酒精含量达 8.5%左右酒精发酵结束。

（5）醋酸发酵

① 进池。将酒醪、麸皮、砻糠和醋酸菌种子用制醅机充分混合均匀，装入醋酸发酵池内。

② 松醅。面层醋醅的醋酸菌繁殖快，升温也快，24h 就可升至 40℃，而中层的温度却较低，所以要进行一次松醅，将上层和中间的松均匀，使温度上下一致。

③ 回流。松醅后温度上升至 40℃以上时即可进行醋汁回流，使醋醅的温度降低。醋酸发酵温度前期控制在 42～44℃、后期控制在 36～38℃，若温度升高过快，除利用醋汁回流降温外，还可将通风洞全部或部分堵住，而加以控制。一般醋酸发酵 20～25 天时，醋醅方能成熟。

（6）加盐　醋酸发酵结束后，为避免醋酸被氧化成 CO_2 和水，应及时加入食盐，将食盐置于醋酸面层，用醋汁回流溶解食盐使其渗入醋醅中。

（7）淋醋　在醋酸发酵池内进行，将二醋浇淋在成熟醋醅面层，从池底收集头醋，当流出的汁液的醋酸含量降至 5g/100mL 时停止。上述头醋可配成品。再在醋醅面层浇入三醋，下面收集二醋。最后在醅面加水，收集三醋。二醋、三醋可供下批淋醋循环使用。

（8）灭菌及配制　同一般固态发酵法制醋。

七、酵母的制备

优良的醋酸菌种，可从优良的醋醅或生醋（未消毒的醋）中采种繁殖。也可用纯种培养的菌种，菌种扩大培养的方法如下。

（一）固体培养

取浓度为 1.4%的豆芽汁 1000mL、葡萄糖 3g、酵母膏 1g、碳酸钙 2g、琼

脂 2～2.5g，混合后加热溶化，分装于干热灭菌的试管中，每管装量约 4～5mL，在 1kgf/cm^2（1kgf/cm^2＝98.0665kPa）的压力下杀菌 15～20min，取出。趁未凝固前加入 50 度酒精 0.6mL，制成斜面，冷却后，在无菌操作下接种优良醋醅中的醋酸菌种，于 27℃±1℃的恒温下培养 2～3 天即可。

（二）液体扩大培养

取浓度为 1%的豆芽汁 15mL、食醋 25mL、水 55mL、酵母膏 1g 及酒精 3.5mL 混合在一起配制成混合液，装入 500～1000mL 的三角瓶内，要求醋酸含量在 1%～1.5%，醋酸与酒精的总量不超过 5.5%，常规消毒。酒精最好于接种前加入，接入固体培养的醋酸菌种一支。于 27℃±1℃的恒温下培养 2～3 天即可。在培养过程中，每天定时摇瓶一次或用摇床培养，充分供给空气以促进菌膜下沉繁殖。

培养成熟的液体酵母，可接入再扩大 20～25 倍的准备进行醋酸发酵的酒精中培养之，制成的醋母供生产用。上述各级培养基也可直接用果酒配制。

八、酒精发酵

将汁液温度降至 30℃，接种 5%～10%的酵母液，将温度控制在 30～34℃，促进酒精发酵进行。发酵初期可开口进行以供部分氧气，促进微生物繁殖，后期则密闭缸口，在无氧条件下进行酒精发酵以积累酒精。酒精发酵一般需 4～5 天。

九、醋酸发酵

采用液体表面发酵法，用水将果蔬花卉酒稀释，使酒度降至 5%～6%，接入 5%～10%的醋酸菌液，搅拌均匀。将温度控制在 28～30℃进行静置发酵，将乙醇氧化成醋酸，反应式为：

$$C_2H_5OH \xrightarrow{\text{醋酸菌}} CH_3COOH + H_2O$$

约 30 天即可成熟，以发酵醪的酒精含量降至 0.3%～0.5%为止。

十、过滤澄清

刚刚完成发酵的醋汁非常浑浊，需自然澄清和过滤才能得到清汁。为此，除利用自然沉降外，也可进行人工过滤。在醋液中加入适量的硅藻土作为助滤剂，用泵将醋打入压滤机，过滤后的渣子加水重滤一次，并入清醋，将酸度调为 3.5%～5%即可。

十一、果蔬花卉醋的后熟与陈酿

果蔬花卉醋的品质取决于色、香、味三要素，色、香、味的形成一是来自发酵过程，二是来自后熟陈酿过程中的一系列化学反应。

(一) 色素的来源

果蔬花卉醋的色素来源于原料自身色素和发酵及陈酿过程中形成的色素。酿制过程中色素形成的主要途径是食醋中的糖类与氨基酸反应生成类黑素，陈酿时间越长，温度越高，空气越充足，色泽变得越深。

(二) 香气来源

果蔬花卉醋的香气主要来源于各种有机酸与醇通过酯化反应形成的酯类，其中以乙酸乙酯为主。反应进行得较缓慢，陈酿时间越长，酯类则形成越多，香气也越浓郁。

(三) 酸味的来源

果蔬花卉醋的酸味主要来源于醋酸。另外还有一些不挥发酸，如琥珀酸、苹果酸、柠檬酸、葡萄糖酸等，这些酸为微生物的代谢产物，它们与醋酸及其他挥发酸共同形成食醋的酸味。醋内的不挥发酸含量愈高，则风味愈柔和。醋中的甜味来自糖，这些糖分是没有被酵母菌利用的残糖留在醋中的。

醋中的氨基酸赋予食醋一定的鲜味。以谷氨酸、赖氨酸、丙氨酸、天冬氨酸和缬氨酸在醋中的含量较高。食醋加热后，酵母菌体发生自溶，也会增加醋的鲜味。

十二、勾兑、装瓶、杀菌

(一) 勾兑

由于采用原料的糖度不同，所得到的醋浓度也不尽相同。因此，对于浓度过高的醋应加冷水稀释，还可调香、调色（多用糖色勾兑）。为提高醋的风味和防腐性，应加入1%～2%的食盐水。

(二) 装瓶杀菌

将调好的食醋灌入瓶中，每瓶600mL，装瓶后及时封口并用胶帽封严。再置于水槽内用87～90℃的热水杀菌15～20min，然后自然冷却为成品。若醋酸浓度>3.5%，则不经灭菌也不会变质。

第四章 果品的酿酒制醋技术与实例

04 Chapter

以下分别介绍葡萄、苹果、山楂、柑橘、桃、梨、枣等树种果实的酿酒制醋技术与实例。对不同树种、品种，同一树种不同品种酿制不同风格的酒、醋采用的具体工艺、注意事项均进行详细介绍。可为酿造不同种类、不同风格的果酒、果醋提供指南，掌握不同种类果实的酿酒制醋技术，是酿制不同种类高产优质果酒、果醋的关键。

第一节 果品的酿酒技术与实例

一、甜红葡萄酒的酿造技术与实例

（一）发酵型甜红葡萄酒的酿造

1. 工艺流程

进料→分选→破碎去梗→成分调整→主发酵→分离→后发酵→换桶→葡萄酒汁→陈酿→勾兑→灌装→封口→杀菌→冷却→贴标→质检→成品→入库

2. 操作要领

（1）原料的选择与预处理

① 原料的选择。要求果实达到自然生理成熟，含糖量达20%，含酸量8%，色泽红艳，具浓郁香味。原料以当日清晨采收，当天加工完毕为宜。若采收后当日不能加工，则将果实散放于阴凉处，以除去田间热和呼吸热，翌日加工。切忌将果实堆积产生大量热。要注意保护果实完好无损，轻拿轻放。

② 分选。去除混在原料中的残枝、杂质、破粒、青粒和霉烂变质的果粒。

（2）汁液的制备与调整

① 破碎。用葡萄破碎机破碎果实，切忌压碎种子。并注意去梗。在去梗的同时，加入适量 SO_2 以防止葡萄汁氧化，并抑制有害微生物的生长。

② 成分调整。将带皮的浆汁直接发酵，以使果皮中的色素及芳香物一并溶入浆汁中。准确计算好加糖和加酸量进行调糖、调酸。

（3）发酵与陈酿

①主发酵。也叫前发酵。将经过调糖、调酸的浆汁泵入发酵罐中，加入量一般为罐容积的 4/5，留有一定空间，以免发酵时产生 CO_2 后使浆汁溢出造成损失和环境污染。

② 打耙（压帽）。于每天的上下午分别进行一次打耙，把酒帽压入浆汁中，使之处于嫌气状态，从而使好气微生物不能繁衍，失去破坏力。这种打耙比较繁琐，且劳动强度比较大，为克服这一缺点，有的酒厂已采用机械打耙（用螺旋叶搅打）。在主发酵期间，果酒随着发酵的进行而变化，CO_2 以气泡的形式不断逸出，开始由少到多，至发酵盛期达到顶峰，之后又由多到少，直至平息。这时可听到“沙沙”之声，犹如春蚕食桑叶，液面似开水在沸腾。注意控制温度，可用罐中盘管来控温，以 25℃为宜，切不可超过 28℃。约经 5～7 天时间，主发酵可完成。为促进皮渣中的色素和芳香物质尽快溶出，应进行捣池，每日早、晚各一次。

③ 分离。主发酵结束后，为减少单宁含量，减小酒的苦味与涩味，要及时将汁渣进行分离。对自然分离出来的自流汁应单独存放，可作为优质原料酿造高档酒。

④ 压榨。去除自流汁后经压榨而流出的汁液为压榨汁。这种汁中干物质较多，质量不如自流汁。在压榨所剩的渣中还有少量残酒，可加水进行二次压榨，此次压出的汁单宁含量多，色泽深，涩味重，浑浊，酒质粗糙，应单独存放。

⑤ 后发酵。对分离出的汁液，趁着分离时带入的氧气可使酵母恢复活力，对酒中的残糖继续发酵，此时的温度以控制在 20℃为宜。因残糖少，发酵速度减慢，约需一个月时间才能完成。所以发酵必须在密闭条件下进行或加发酵栓。后发酵完成后，要立即换桶，去除泥土、果胶得到较清澈的原酒。

⑥ 陈酿。新酒含酒精量在 16％以下时，要调整酒度或加亚硫酸钠 50～100mg/L，以防止变质。陈酿期间进行酯化、增香并沉淀使酒澄清。

（4）成品调配与灌装

① 勾兑。甜葡萄酒多采用葡萄原汁酒 40％～50％，配以适量的酒精、糖水和柠檬酸或深色的果汁、酒，再加入 50％～60％的软化水进行勾兑，充分混合均匀后，存放 1～2 个月便可灌装出售。

② 酒精含量测定。将 50mL 的葡萄酒倒入 250mL 的三角瓶内，再加入 100mL 的软化水。然后将该三角瓶放置在酒精灯上加热至沸腾。由于酒精的沸点低，便随水的蒸发而先被蒸发出来。让蒸气通过蛇形冷凝管，酒蒸气遇冷自然

凝结为液体而流入量筒内，当达到95mL时，停止蒸馏。将量筒移开冷凝口并加水定容至100mL。同时检测蒸出的酒液温度。再用“酒精度与温度校正表”订正正确酒精度值。为求得100%数，测定结果须再乘以2才能相当于100mL的酒精量。假定测得4.5%的酒精含量，故以9%的酒度加以说明如何添加酒精调整酒度。若配制酒度为14度的葡萄酒500mL，使用的酒精含量为95%。先计算葡萄酒中的酒精含量为：4.4×2+0.2=9（度），因此

$$调酒度加酒精量=\frac{拟配制酒度-发酵酒中的酒度}{酒精度数-拟配制酒的度数}\times 配制量$$

$$=\frac{14-9}{95-14}\times 500=30.9(\mathrm{mL})$$

为使刚调配的酒中的各种成分充分混合，要进行短时间的存贮，使酒质进一步达到稳定程度后，再经过一次精滤后即为成品。

③ 灌装。利用灌装机对酒进行灌装、封口、杀菌，完成整个生产流程。

（二）发酵留糖型甜红葡萄酒的酿造

可用发酵留糖法制作甜红葡萄酒。其工艺流程是先生产出干红葡萄酒，与以上发酵型甜红葡萄酒不同的是要求选用原料含糖量要高，以保证发酵后的甜葡萄酒应达到的糖分。主发酵后立即对葡萄酒进行巴氏灭菌。用这种方法生产的甜红葡萄酒质量属上等。但在贮藏期间易被有害微生物污染，造成酒酸败，所以要特别注意卫生、灭菌，严格操作规程，以确保甜红葡萄酒的质量。

（三）用干红葡萄酒加糖兑水酿造甜红葡萄酒

以干红葡萄酒为酒基，添加白砂糖生产甜红葡萄酒。用这种方法生产甜红葡萄酒，成本低，工艺简单，但质量较低，产品档次不高。

二、干红葡萄酒的酿造技术与实例

（一）工艺流程

进料→分选→破碎→去梗→成分调整→主发酵→分离→后发酵→换桶→新干红葡萄酒→陈酿→下胶→过滤→成品→灌装→贴标→装箱

（二）操作要领

1. 原料的选择与预处理

巨峰葡萄是酿造干红葡萄酒的优良原料。原料的选择与处理同甜红葡萄酒。采用带皮发酵以获得皮中的芳香物质和色素；进行糖、酸调整以获得足够的酒精含量；同时加足亚硫酸盐量，以有效控制有害微生物的活动，防止酸败。

2. 发酵与陈酿

（1）主发酵　将经过硫处理、调整糖酸后的葡萄浆及时用泵送入发酵池，

留有1/5的空间，切不可装满。注意进行打耙，用木耙把浮起的皮渣压入汁液中。若有压帘可减少打耙工序，只进行两次捣池即可。主发酵的温度最好控制在20～30℃范围内，以25℃为宜，若此时温度过高，易发生败坏。必要时采用冷却器冷却以确保安全，约经5～7天，主发酵完成。主发酵期间每天注意观测CO_2含量、气温、品温及酒中的含糖量和产酒量3～4次，并做好记录。

（2）分离　主发酵结束后，立即把酒汁液分离出来，操作愈快愈好，以减少酒的苦味和涩味。把分离出的自流汁、压榨汁及二次压榨汁分别储存。自流汁为酿制干红葡萄酒的原酒，压榨汁内含有较多的单宁，色泽深、涩味重，酒的质量差而且浑浊，只适宜蒸馏白兰地。主发酵的皮渣也可以加些糖水，进行二次发酵、二次压榨。二次干红葡萄酒可调配成普通的中、低档的甜红葡萄酒，也可用来蒸馏白兰地。

（3）后发酵　利用发酵汁中的残糖和分离时带进的氧气恢复酵母的活力进行后发酵，温度以20℃为宜。后发酵的温度降低且含糖量减少，发酵速度缓慢，要一个月的时间才能完成，以含残糖降至0.2%为标准。后发酵开始7～10天内进行第一次换桶，同时去掉酒脚。

（4）陈酿　将新干红葡萄酒进行酒度测定和调整后，加入50～100mg/L的SO_2，在10～15℃条件下贮藏一年左右，使酒在此期间进行酯化作用和氧化还原作用，以达到澄清的目的，酒逐渐成熟。

3. 澄清与储藏

（1）下胶澄清　在葡萄酒中添加一些蛋白类物质，以促其产生沉淀，使悬浮于酒中的物质及果肉渣等一起沉淀下来，改善酒的质量。

（2）精滤　用机械将浑浊的葡萄酒过滤使之成为澄清的果酒。一般用布袋、压滤机或硅藻土过滤机等进行精滤。

（3）储藏　将澄清的酒液在低温、通风条件下储藏。每三个月换桶一次并清除一次酒脚。

三、干白葡萄酒的酿造技术与实例

干白葡萄酒是指以红皮白肉或白皮白肉的优良葡萄品种为原料，经部分或完全发酵酿成的低度饮料酒。

（一）工艺流程

SO_2（加于破碎工序）

进料→分选→破碎→去梗→分离→成分调整→主发酵→换桶→后发酵→新干白葡萄酒→陈酿→下胶→精滤→勾兑→成品→灌装→贴标→包纸→装箱→入库

（二）操作要领

1. 原料的选择与处理

（1）原料选择 原料可选用白皮葡萄或红皮白肉葡萄，以专用葡萄品种为佳，如霞多丽、长相思、寒美蓉、白诗南等。要求原料含糖量高、含酸适量、无霉烂变质，糖度为170～210g/L，酸度为5～9g/L。带梗破碎以利于压榨出汁，并即刻把汁液分离出来，操作越快越好，切不可长时间浸泡，以免皮中的色素溶于汁中，而且易氧化产生褐变等不良反应。

（2）分离汁液 汁液的分离是生产白葡萄酒的关键工序。要在发酵前进行压榨取汁，这是酿制白葡萄酒与红葡萄酒工艺的主要区别，红葡萄酒是在发酵后进行。自流汁用来酿制高档白葡萄酒；皮渣可用来待加入糖水后酿制干红葡萄酒，也可以作蒸馏白兰地的原料。

（3）葡萄汁的澄清 可用自然澄清法，约静置48h就可完成。但此期间极易引起发酵，为抑制酵母菌发酵，在此工序应添加亚硫酸盐，用量为150mg/L。果胶是直接影响果汁澄清和风味的主要物质，要利用果胶酶对其进行水解，使果胶转化为果胶酸失去黏性。然后进行过滤，即可得到澄清的果汁。果胶酶的使用量为0.15～0.20g/L。另一种澄清的方法是先加硅藻土，再用硅藻土过滤机过滤，硅藻土的使用量为0.2%～0.3%。若用硅藻土过滤，必须先加果胶酶把果汁中的果胶处理后再过滤，否则会因浑浊的果汁中含有较多的果胶，而给过滤造成困难。

无论使用哪种澄清方法，均需要加入适量SO_2抑制酵母及有害微生物的活动。为此，当果汁澄清后，要通过开口换桶，促使SO_2尽快挥发，以恢复酵母的活性。

2. 发酵与陈酿

（1）主发酵 干白葡萄酒在主发酵期的温度应比干红葡萄酒略低，要控制在18～28℃，尤其以18～20℃最理想。这样才能获得色、香、味、营养俱佳的产品。为便于控制温度，可在发酵罐内安装不锈钢盘管，届时可打入循环冷水来降低汁液的温度以维持适宜的温度。10天左右可结束主发酵。

（2）换桶 换桶的目的是可以及时地清除酒脚，避免酒脚内的单宁等物质影响酒的质量，同时可借此机会为葡萄酒补充氧气，使酵母菌重新增加活力，继续对酒内的残糖进一步发酵。经一个月左右缓慢的后发酵过程，使残糖量降到0.2%以下，即可结束整个发酵过程。

（3）陈酿 后发酵结束后，要及时清除酒脚，对新的干白葡萄酒进行酒度调整，同时加入亚硫酸盐进入陈酿阶段。陈酿期间，葡萄酒在低温下进行酯化增香和氧化还原反应，从而得到澄清的果酒。在陈酿后的第三个月，要进行倒桶消除沉淀。在陈酿的前两年每年应进行三次倒桶，三年后若沉淀不太多，倒桶次数可减少到每年一次。

四、桃红葡萄酒的酿造技术与实例

（一）工艺流程

进料→分选→破碎→浸提→粗滤→人工接种→主发酵→后发酵→陈酿→勾兑→精滤→装瓶→封口→贴标→包装→入库

（二）操作要领

1. 原料的选择与预处理

（1）原料的选择　选用酿造红葡萄酒专用的品种，如赤霞珠，在果实成熟度适宜时采收。

（2）破碎　在破碎机内将原料破碎并去除果梗。

（3）浸提　将葡萄皮在果汁中浸泡24～48h，然后及时进行粗滤，将葡萄皮去除以限制色素过多地浸出。

（4）加果胶酶　在浸提液内加入0.5%的果胶酶，于40℃下对果胶进行酶解，然后及时灭菌。

（5）灭菌　在87℃高温下保持20min，使果胶酶失去活性、有害微生物死亡。

2. 发酵与陈酿

（1）人工接种　将预先培养的葡萄酒专用酵母接入葡萄汁液内，接入量为葡萄汁重的5%，使其正常发酵。

（2）陈酿　桃红葡萄酒的主发酵、后发酵及陈酿、勾兑等工艺均按葡萄酒生产常规进行。

五、山葡萄酒的酿造技术与实例

（一）工艺流程

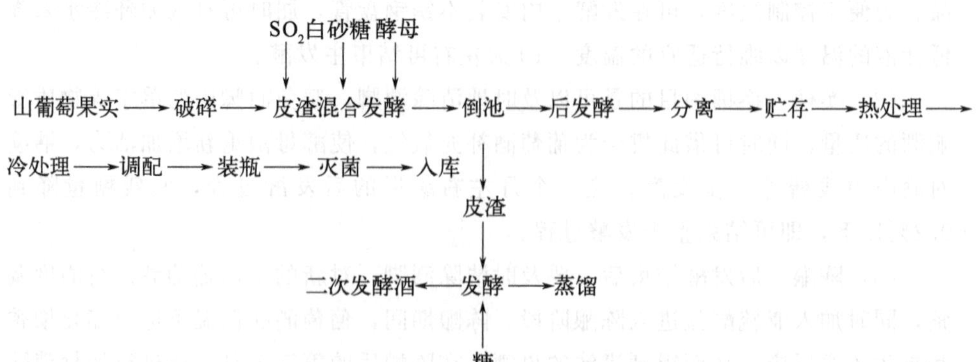

（二）操作要领

1. 原料的选择与预处理

山葡萄果实成熟度不一致，注意按成熟度分级，分别加工，以酿造出优质山葡萄酒。其发酵方式同红葡萄酒。将糖调到10%～12%。

2. 前发酵

以接种人工培养酵母为好，同时加入4%的脱臭酒精。发酵温度控制在20～25℃，时间3～4天，出酒率>40%，总酸<2%，单宁<0.15%。

3. 后发酵

将前发酵液汁、渣分离，倒桶进行后发酵。添加一定量的白砂糖，使最终酒度>15度，温度控制在20～25℃，时间30天，然后去除沉淀进行陈酿。前发酵分离出的皮渣，可加入20%～25%的糖水进行二次发酵，所得原酒备用，皮渣和酒脚可蒸馏成白兰地用以调整酒度。

4. 陈酿

时间一般为2～3年，陈酿期间避免与氧接触，及时添桶，用脱臭酒精封好液面。

5. 热处理

为加速陈酿可进行热处理，处理的酒要澄清透明，温度在50～60℃，时间10天。也可进行冷热交替处理，先将原酒加热至75～80℃，维持6h，再将其冷却至0.5℃，保持72h。这样处理后，原酒有明显的老熟风味，似自然陈酿，便于管理。

6. 调配

按产品标准加入糖浆、脱臭酒精、处理的水调整好酒度、糖度。然后装瓶于70℃水浴下灭菌，冷却后包装入库。

六、珍珠葡萄酒的酿造技术与实例

（一）原料

珍珠、葡萄酒、白砂糖、柠檬酸等。

（二）工艺流程

珍珠粒→粉碎→研磨→酶解→调浆→静置过滤→珍珠酶解液
↓
葡萄→去梗破碎→调浆→发酵→倒酒→冷冻→
下胶→陈酿→勾兑→过滤→成品

(三) 操作要领

1. 珍珠的处理

(1) 粉碎　将珍珠内按 1∶10 的比例加水进行水雾湿粉碎，然后将粉碎液均匀地注入胶磨机中细磨，磨盘间隙调至 100～150μm。

(2) 酶解　利用位差，使珍珠液流入酶解槽，用强性蛋白酶和木瓜蛋白酶进行水解，二者比例为 3∶1，酶的用量为 80～100U/mL，搅拌速度为 80～100r/min，温度控制在 40～45℃，pH 7.4～8.0，时间 15～18h。

(3) 调浆　酶解后期，加入 36%（体积分数）葡萄酒，加入量为珍珠酶解液的 10%～13%。加入柠檬酸 0.8%～1.0%，并进行适当搅拌。静置 3～5 天，使温度接近冰点。

(4) 过滤　用硅藻土过滤机对上述浆液进行过滤。

(5) 流加　将滤液按 1∶(10～20) 的比例流加入葡萄酒发酵池中。

2. 葡萄酒的生产

同干红葡萄酒的工艺流程。

七、葡萄汽酒的酿造技术与实例

葡萄汽酒是以葡萄酒为酒基，白砂糖、柠檬酸为调料，再充入二氧化碳调配而成的低酒度饮料。

(一) 工艺流程

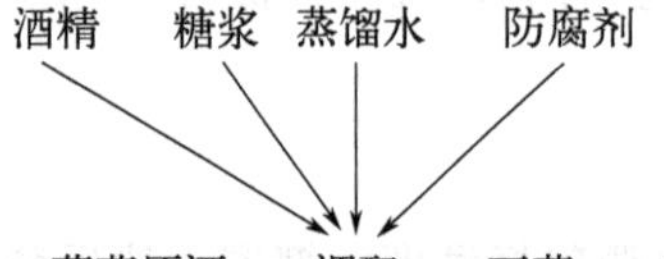

(二) 操作要领

1. 原料选择与处理

选择陈酿时间超过一年的酒液，清亮透明，有明显果香，风味醇和、无异味，酒度>13 度的原酒为汽酒酒基；色泽洁白，含糖量>95%的白砂糖；无色、无臭的白色结晶或半透明结晶的柠檬酸粉末。选择白色结晶、饱和水溶液，pH 为 3.6 的山梨酸为防腐剂，用量<0.28mL/L；选择符合国际标准的食品添加剂二氧化碳。首先用蒸汽法将砂糖溶化，冷却后备用。

2. 调配、杀菌

将原酒、糖浆、柠檬酸液、经处理后的酒精、防腐剂溶液倒入干净且经过灭菌处理的容器内，用蒸馏水补足至成品酒量。防腐剂<0.2g/kg，搅拌均匀后抽样化验。

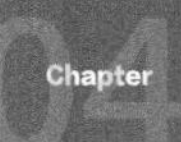

3. 杀菌

在 75～80℃下对成品酒灭菌，去除酒头、酒尾。

4. 冷冻

将灭菌自然冷却的酒，于－1～1℃下放置 4～5 天，可增加瓶装酒的稳定性并提高二氧化碳在酒中的溶解度。

5. 过滤、装瓶

用棉饼过滤机对冷却后的酒液过滤，然后再用除菌板过滤。若有无菌灌装设备，则只经除菌板过滤即可。将 CO_2 与酒充分混合，输入灌装机，并随时抽样测定瓶内的压力，10℃下保持 0.13～0.17MPa（1.3～1.7kgf/cm^2）即可。

6. 加起泡剂灭菌

装瓶后，每瓶加一滴起泡剂。即刻压盖进行水浴灭菌或喷淋杀菌，于 70～72℃下 15min 或 65～68℃下 20min，然后自然冷却贴标入库。

八、苹果酒的酿造技术与实例

（一）苹果酒的酿造

1. 工艺流程

进料→分选→清洗→破碎→压榨分离→酶处理→成分调整→主发酵→分离→后发酵→陈酿→勾兑→下胶→澄清→成品

2. 操作要领

（1）原料的选择与预处理

① 原料的选择。选用含糖量高、酸度适宜的晚熟品种，作为原料的果实需充分成熟，肉质硬脆，无病、虫及霉烂。多选用酸甜味浓的国光、红玉、青香蕉等品种。

② 分选洗涤。将果实用清水洗涤，去掉灰尘、农药。为了去除残留的农药，可在清水内加入盐酸。要保证原料的洁净和不含重金属。

③ 破碎。将苹果破碎成 3～4mm 的小块，注意切忌把种子压破，以避免增加酒的苦涩味。为防止苹果在破碎中发生酶褐变，在加工时可添加抗氧化剂如抗坏血酸或 SO_2 等，抗坏血酸对人体有益无害；SO_2 会使风味改变，应控制在 80mg/L 为宜。

④ 压榨。苹果破碎后，立即压榨取汁，将榨出的果汁在较低温度下静置 4～6h，然后用双层纱布粗滤，放入干净灭菌的容器内。

⑤ 调整成分。对榨出的果汁，首先测糖、酸和单宁含量。凡测定糖含量低于 9%、酸低于 0.15%，而单宁低于 0.05%时，均需加糖、酸补充到要求的低限，以便于进行发酵。加糖要分批进行，糖的浓度不能超过 20°Bx。

⑥ 加酶处理。果汁内含有果胶，会给过滤造成难度，为此必须加 0.3%～0.5%的果胶酶促使果胶分解。

⑦ SO_2 处理。为控制非需要微生物的活动，要进行 SO_2 处理，常加入偏亚硫酸钠，加入量因果汁 pH 的变化而不同，若 pH 为 3～3.3，加入量为 75mg/kg，pH 为 3.3～3.5 时，加入 100mg/kg，pH 为 3.5～3.8 时，加入量为 150mg/kg。若 pH 过高，则需先在果汁中混入高酸含量的苹果汁，或 DL-苹果酸，然后进行 SO_2 处理。

(2) 发酵与陈酿

① 主发酵。苹果皮中所含酵母菌量少，不能满足发酵的需求，因而应添加酵母，一般使用酿制葡萄酒发酵用的酵母菌，将酵母菌接种于果汁内。接种的方法是：先将干酵母接种于少量的果汁中，使之发酵，发酵后将其倒入量更大的经 SO_2 处理的果汁中，如此反复进行，直至果汁中接种体的体积达总体积的 1%以上，一般酵母菌的浓度为 3%～5%。

果汁量占容器的 4/5，果汁输入发酵容器后立即加入酵母菌，并搅拌均匀。发酵温度要求控制在 20～28℃，以 25℃为宜，发酵时间随着酵母活性和发酵温度而变化，经 3～12 天左右可完成。发酵后期，酒呈淡黄绿色，残糖≤2%，挥发酸≤0.06%，酒度为 8%～9%，主发酵结束。

② 分离。主发酵结束后，立刻开口分离出发酵汁，余下的皮渣可作为酿醋的原料。

③ 后发酵。后发酵的温度以 18～20℃为宜。当残糖＜0.2%、挥发酸＜0.06%、总酸＞0.5%时，即为发酵终点。

④ 陈酿。在第一次换桶后，要添加食用酒精，将酒度调至 15～16 度左右。最好存放于 12～15℃条件下，并严格每一项操作工艺规程，确保清洁卫生和通风。保存时间要在一年以上，让酒充分地进行酯化增香和氧化还原反应及沉淀，待达到一定水平后可以启用。在陈酿期间要定期查酒、换桶、添桶。若发现有害微生物污染，要将其移出仓库并进行加工处理。储存于 4～10℃条件下。

(3) 勾兑与灌装

① 勾兑。陈酿后的苹果酒要进行勾兑，可将其配成全汁和半汁两类苹果酒。若配制全汁的甜苹果酒，只调果酒的酒度和糖度，使果酒的酒度达 14～18 度、糖度为 14～18°Bx。若配制半汁的甜苹果酒，则在原酒汁中加入等量的软化水，先勾兑成 1/2 原酒汁加 1/2 软化水的稀释酒汁，然后即刻调糖、酒、酸等成分，使之具有苹果酒的芳香味和发酵酒的酯香味。

② 过滤。在灌装前 4～5 个月进行处理后再进行过滤。可用下胶过滤或加温、冷冻过滤法。

③ 灌装及杀菌。用果酒灌装机灌好后，立即封口，在 86℃下保持 20min 进

行杀菌，然后冷却至 40℃。或将产品加热至 82℃，保持 20～30s，待温度降至 63℃时，进行热灌装。

(二) 干苹果酒的酿造与实例

干苹果酒的酿制方法基本与白葡萄酒相同，首先是选择原料，洗涤，然后破碎，压榨取汁。然后每千克果汁中加入 50～100mL 亚硫酸。苹果汁的糖含量应达 22%～24%，不足时加入食用糖调节。若单宁含量不足时加入少量单宁或梨汁。若苹果汁中含果胶较多，可加入果胶酶制剂，或在 0～8℃下放置一天，利用天然果胶酶的作用使果胶物质分解，促使果汁澄清。有的苹果品种（如翠玉）含氮物质少，可在每升苹果汁中加入 1g 磷酸铵作为酵母的氮源。苹果酒发酵时宜选用苹果酵母，酒母的用量大约为果汁的 2%。用密闭式发酵，所有操作与管理参考白葡萄酒工艺。若苹果酒采用低温酵母，则发酵的温度宜控制在 4.5～10℃范围内。然后按常规方法除渣和储藏，一年后便可成熟。若在酿好的苹果酒中加入适量食糖或同时加入酒精，则为甜苹果酒，若充入 CO_2，则为起泡苹果酒。

(三) 苹果草莓酒

苹果草莓酒是由苹果发酵酒和草莓浸提液按一定比例调配而成，具独特风格。

1. 原料

苹果、草莓、优质白酒、白砂糖、柠檬酸、食用明胶等。

2. 工艺流程

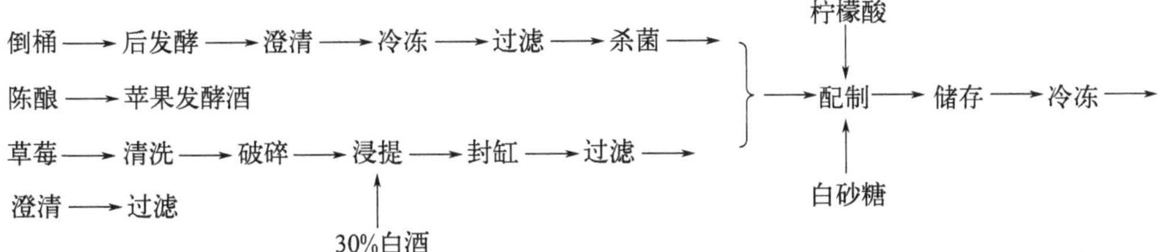

过滤 → 杀菌 → 包装 → 成品

3. 操作要领

(1) 苹果发酵酒的制备　基本同苹果酒的酿造，但需要注意以下几点。

① 去核。在破碎前去核，以避免酒体产生异味。

② 硫处理。榨出的果汁应立即按 100mg/kg 的比例加入 SO_2 进行杀菌和澄清处理。

③ 蒸馏。将分离的果汁加入糖、水进行发酵，蒸馏得到白兰地，用于调配

发酵原酒的酒度。

④ 发酵。主发酵温度控制在 18～23℃范围内进行低温发酵，以减少氧化，使口味醇正、香味谐调，后发酵用氮气进行隔氧处理。

⑤ 澄清。发酵结束后加入 0.01%的明胶进行澄清，并在－5～－4℃下冷冻处理 6～7 天，以保持酒体稳定。

(2) 制备草莓浸提液

① 原料选择与处理。选用当日采摘的成熟度适宜的新鲜草莓（不能过夜），用清水洗涤干净，用打浆机加工成果浆状。

② 浸泡。按酒果比为 2∶1 的比例加入含酒精为 30%的白酒，搅拌均匀后封缸，浸泡 30～40 天，在浸泡期间，定期进行搅拌。

③ 澄清。将浸泡液过滤后用 0.1%的明胶进行下胶澄清处理。

(3) 配制、陈酿、杀菌

① 勾兑。将苹果发酵酒和草莓浸提液按一定比例混合，调整酒度。

② 调整。调整配制酒的糖度和酸度，达到最佳状态和要求。

③ 陈酿。将配制酒在 15～18℃下存放 6 个月，使之进行较好的缔合，达到酒体醇厚，口味圆滑、柔和，消除刺激感和异味。

④ 冷冻。在－9～－8℃下，将酒冷冻 7 天。

⑤ 过滤。用 0.8μm 和 0.45μm 微孔滤膜过滤。

⑥ 杀菌。灌装前用薄板热交换器进行 90℃、8s 瞬间巴氏杀菌。

(四) 苹果芒果复合酒

1. 原料

果胶酶（酶活 10000U/g）、纤维素酶（酶活 10000U/g）、芒果苷标准品（纯度＞98%）、安琪专用葡萄酒酵母、凯特芒果、盐源金冠苹果、白砂糖、甲醇、偏重亚硫酸钾。

2. 工艺流程

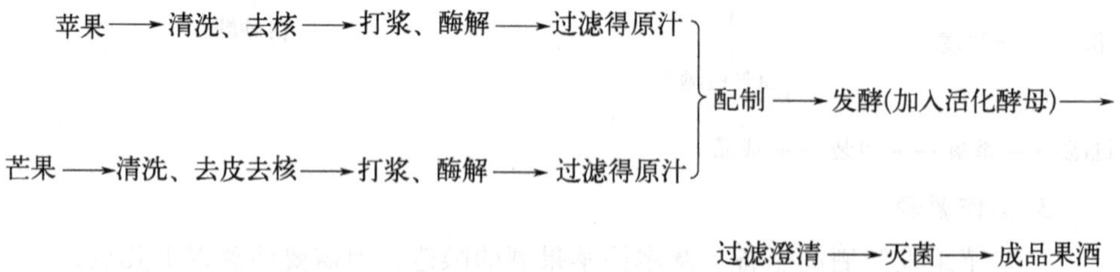

苹果 → 清洗、去核 → 打浆、酶解 → 过滤得原汁 ┐
芒果 → 清洗、去皮去核 → 打浆、酶解 → 过滤得原汁 ┘ 配制 → 发酵(加入活化酵母) → 过滤澄清 → 灭菌 → 成品果酒

3. 操作要领

筛选成熟度好的苹果和芒果，清洗，沥干，待用。芒果去皮去核后榨汁，加入纤维素酶（0.4g/L）和果胶酶（4g/L），于 40℃酶解 90min，90℃灭酶 3min，冷却至室温，过滤后得到芒果原汁。去核后的苹果榨汁，添加果胶酶（5g/L）

和纤维素酶（0.3g/L），于40℃酶解90min，90℃灭酶3min，冷却至室温，过滤后得到苹果原汁。量取200mL混合果汁（芒果汁与苹果汁体积比为75：25）和水50mL，用适量白砂糖调整初始糖度为18%，以柠檬酸调整pH值为3.7，偏重亚硫酸钾加入量为50mg/L，其可以起到杀菌和提高稳定性的作用。在无菌条件下，混合果汁以活化后的0.10%酵母菌接种（安琪酵母水溶液置于35℃的恒温水浴活化60min，待观察其产气泡丰富时，即可作为活化菌种使用），并在27℃恒温培养箱中发酵10天后，虹吸上层酒液保存于无菌容器中，并冷藏静置1天，过滤，巴氏杀菌（65℃、30min），即得苹果芒果复合果酒。

九、梨酒的酿造技术与实例

（一）工艺流程

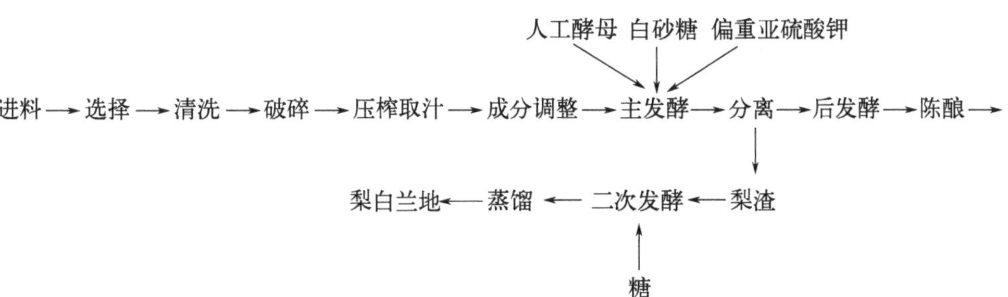

热处理→澄清→冷冻→分离→勾兑→成品

（二）操作要领

1. 原料的选择与预处理

（1）原料的选择　选用新鲜、成熟度好的酸梨果实，去除霉烂和病虫果作为酿酒原料。若用甜梨，其果实内含水量比较高，酸很少，发酵要比苹果酒酿造难度大一些。将果实清洗干净。

（2）破碎、压榨　将果实破碎成0.4～0.6cm^2的小块。梨汁抗氧化能力很弱，极容易发生褐变，这是梨酒酿造中的主要问题。防褐变的方法很多，常用的方法是加入抗氧化剂，如维生素C和SO_2。破碎后立即压榨并加入适量SO_2（以所需SO_2量的2倍加入偏重亚硫酸钾），果酒中SO_2的含量应为50～100mg/L。

（3）调整成分　主要是调酸以确保酿造的正常进行。加酸的目的除调节风味外，更主要的是降低pH值，避免生产中非需要微生物的危害。用蔗糖调整糖度，使糖度达13%。

2. 发酵与陈酿

（1）主发酵　影响梨酒发酵的三个主要因素为发酵温度、接种量和初始pH

值。不同菌种适应范围不同，对产香酵母来讲，适宜发酵温度为20～30℃，pH值为3.5～4.5，酵母菌的接种量小于5%，发酵时间7～10天，主发酵结束。

（2）后发酵　将上述醪液继续进行发酵，当残糖降至0.5%以下时进行分离。

（3）陈酿　将后发酵得到的原酒酒度调至15～16度，储存1年以上。将分离出的果渣及酒脚进行二次发酵。而后，蒸馏得到梨白兰地，用于调酒。

3. 热处理、冷冻成品

（1）热处理　陈酿后的酒在55℃下热处理五昼夜，再冷冻下胶澄清，加入0.7kg/10000L明胶静置7～10天后过滤。

（2）冷冻　将过滤澄清的酒降温至－4℃冷冻五昼夜，过滤，调配合格后，装瓶、包装，成品入库。

十、山楂酒的酿造技术与实例

（一）发酵型山楂酒

1. 工艺流程

进料→清洗→破碎→调糖→主发酵→分离→后发酵→陈酿→勾兑→澄清→过滤→成品

2. 操作要领

（1）原料的选择与处理

① 原料的选择。山楂果实富含有机酸和糖，汁液少。要求酿酒的山楂果实充分成熟，新鲜，无腐烂变质，且果实无冻害和病虫害。

② 清洗。将选好的山楂果实用清水冲洗干净。

③ 破碎。采用双辊式破碎机，将山楂果实挤压破碎成4～6瓣即可，不能压碎果实内的种子，因为种子内含有油质和较多的单宁，会给酒带来不良气味。

④ 调糖。先把糖溶化成15～18°Bx的糖水，再按1份果汁加3份糖水的比例，加在一起混合均匀，然后加热浸泡。

（2）发酵与陈酿

① 发酵。接入耐酸性酵母，将发酵温度控制在25～28℃，经半个月左右可完成主发酵。此时残糖为30%，分离取汁，进行后发酵，当残糖降至0.5%以下时，后发酵终止。

② 陈酿。将发酵液在低温下储存一年进行陈酿，使酒进行酯化增香，氧化还原达到澄清。换桶除去酒脚，出库进行勾兑。

（3）勾兑　将出库的酒进行调糖、调酸、调酒和调香后即为成品。山楂酒分为全汁酒和半汁酒两种不同的档次。用发酵法生产的山楂酒，酒质醇厚爽口，后味绵长，具有发酵酒酯香的成熟香味，但果香不足，色泽浅，新鲜度不足。

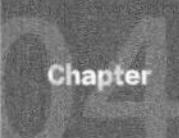

(二) 浸泡型山楂酒

1. 工艺流程

进料→分选→清洗→破碎→配酒液→浸泡→分离→澄清→陈酿→勾兑→精滤→成品

2. 操作要领

(1) 原料的选择与预处理

① 原料的选择。选择成熟度好、色泽鲜艳的山楂果实，去除病虫果、腐烂果。将果用水清洗干净。

② 破碎。用对辊机将果实破碎成 4～6 瓣，不能太碎，不能压碎种子，以减少浑浊。

③ 配制酒精浸泡液。用食用酒精为原料，先稀释至 30%～35%（体积分数）。按 1 份果实与 1.5～3.0 份酒精的比例将果实浸泡于酒液中，经过 1～2 个月后进行汁渣分离。果渣可再添加同浓度的酒精再浸泡一个月。取出果渣。把前后两次的酒精浸泡液混在一起备用。

④ 澄清。一般采用自然澄清法，将酒精浸泡液静置两周后，用虹吸法吸出上清液，去除下沉渣。

(2) 陈酿与勾兑

① 陈酿。将吸出的上清液置于低温条件下储藏 6 个月，使酒与浸泡出的糖酸进行充分化学反应后，再进行勾兑。

② 勾兑。进行糖度、酸度、酒度、香味及色泽（多采用糖色加胭脂红）调配，即为成品。该酒具有新鲜的果香，色泽好，生产成本低。但有强烈的酒精味，口味有明显的燥辣感，不够醇和，酒液澄清。

(三) 发酵与浸泡勾兑型山楂酒

1. 工艺流程

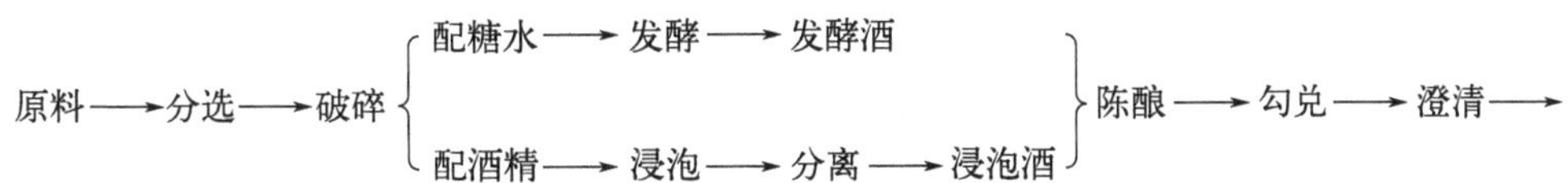

过滤→存储→灌瓶→杀菌→冷却→贴标→成品

2. 操作要领

(1) 从原料的选择及处理至陈酿的工艺　参考山楂发酵酒与山楂浸泡酒的相关工艺。

(2) 勾兑　取发酵酒与浸泡酒按 1∶1 的比例充分混合，然后调糖度、酸度、色泽、香味再加入适量的软水。这种方法酿制的山楂酒既有发酵酒的酯香，又有浸泡酒的果香，相互衬托，质量上等。若勾兑时适当加大发酵酒的比例，则风味更加醇厚爽口。

（四）山楂露酒

1. 原料

山楂果、黄酒、食用酒精、食用明胶、果胶酶。

2. 操作要领

（1）山楂发酵酒制备　将选好的山楂果实破碎，注意破碎时不能破碎果核，破碎后调入 3 倍于果量的糖浆，糖浆浓度为 15%。然后接种酵母进行前发酵，温度控制在 18～22℃，10 天左右前发酵结束，将发酵液和果渣分离。再将发酵液的糖度调至 12%进行后发酵，当酒度达 10%～12%、残糖降至 1%以下时，表明发酵结束。然后进行澄清处理，加入 0.01%的食用明胶（先将明胶配成 1%的溶液），置于 0～4℃下一定时间。最后过滤、杀菌，陈酿 1 年以上即得到山楂发酵酒。

（2）制备山楂浸提液

① 酒精浸提。按果实与酒精之比为 1∶4 的比例，用 35%的食用脱臭酒精浸泡 10 天，每天摇动数次，分离可得 1 号浸提液。分离的果渣按 1∶2.5 的比例用 20%酒精浸泡 10 天，每日摇动数次，分离可得 2 号浸提液。将两次浸提液分别处理后混合，陈酿 1 年以上。

② 山楂果汁。将山楂果放于 4 倍量的水中煮沸 30min，取出清液，如上重复 3 次，将清液混合。按 30mg/kg 的比例加入果胶酶，于 50℃下反应 3h，再煮沸杀酶，冷却过滤、杀菌即得山楂果汁。

（3）配制　按消费者的嗜好以及山楂发酵酒、各种浸提液和黄酒的风味特点进行不同配比的组合。然后进行煎酒、过滤、装瓶、巴氏杀菌即得成品酒。

（五）山楂酮酒

在加工山楂果脯过程中，会产生大量废糖液，其中含 50%以上的糖、大量果胶、花青素以及 K、Zn、Ca、Fe 等矿质营养元素和维生素。山楂酮酒是利用这些废糖液制成的具有保健作用的饮料酒。

1. 原料

酒精、山楂叶、废糖液、柠檬酸、香精。

2. 工艺流程

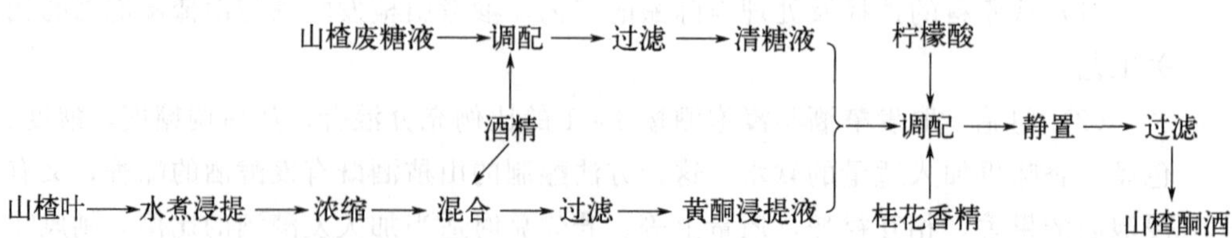

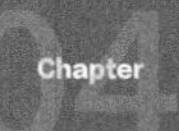

3. 操作要领

（1）废糖液处理　按配酒要求达到的指标计算出所需酒精和废糖液的量，将二者混匀静置 24h，过滤除去果胶沉淀，得到澄清溶液。

（2）提取总黄酮

① 提取黄酮浓缩液。先用热水浸提，再将浸提液浓缩至原体积的 20%，然后加入等量的 80%的食用酒精，充分混合，静置 24h，过滤除去沉淀，可得到山楂黄酮浓缩液。

② 热水浸提。第一次浸提 120min，提取率为 72%；第二次浸提 60min，提取率达 80%；两次浸提的料、液比分别为 1∶20 和 1∶15。

③ 成分调整。将含糖量调至 20%，糖酸比为 30∶1。

（3）调配　按乙醇浓度 15%、糖度 20%、酸度 0.7%、黄酮 1.2mg/mL、桂花香精 0.03%的比例配制山楂酮酒，静置后过滤即为成品。

十一、杏酒的酿造技术与实例

（一）工艺流程

果胶酶（→酶解）；酵母（→前发酵）

原料选择→清洗→破碎去核→打浆→酶解→压榨→澄清→成分调整→前发酵→后发酵→储存→澄清→陈酿→调配→储存→冷冻→澄清→杀菌→包装→成品

亚硫酸（→澄清）

（二）操作要领

1. 原料选择与处理

按要求选择成熟适宜的新鲜杏果实，清水洗净，然后用破碎机破碎去核、打浆。加入果胶酶（10mL/L），常温下处理 1h；压榨果汁，澄清 24h，温度控制在 20℃，调糖度 18%，酸度顺其自然。

2. 酒精发酵

接种安琪酵母，于 18～20℃下发酵。

3. 储存、加亚硫酸

储存过程中倒酒两次，去除酒脚和沉淀，加亚硫酸经澄清后陈酿半年至一年。

4. 成分调整

调酒度、糖度至要求标准。

5. 冷冻

在－4℃下冷冻 5 天。

杏果实中含酸多，发酵和陈酿罐的钢材应选用 316 型。

十二、杏仁酒的酿造技术与实例

（一）原料

苦杏仁、食用酒精、白砂糖、柠檬酸。

（二）工艺流程

脱臭酒精
↓
杏仁→浸渍→酸煮→漂洗→烘干→破碎→浸渍→调配→过滤→储存→精滤→装瓶→成品

（三）操作要领

1. 原料选择与预处理

选择新鲜无霉烂变质的杏仁，剔除虫蛀部分及杂质。用冷水浸渍至软，每天换水 3 次，浸渍 3 天左右。手工除去种皮后用 0.1mol/L 盐酸煮 15min，以凉水漂洗干净，置于干燥箱内 70℃下干燥至水分含量为 7%～9%，时间 20min。然后用木棒或捣碎机捣碎杏仁备用。

2. 酒精处理

先将食用酒精稀释至 60%～65%，然后用高锰酸钾氧化、活性炭吸附，熏蒸精制脱臭，去掉头尾，取中馏酒为酒基，将其稀释至 58 度。

3. 浸渍、配制

将处理好的杏仁入缸，按 1∶20 的比例加入酒基，然后密封浸渍 20 天左右，每日搅拌一次。浸渍完毕调整酒度、酸度和糖度。

4. 过滤、装瓶

调配好的浸渍液，用纱布粗滤，储存一段时间（约三个月），再用棉饼细滤后，即可装瓶。

十三、樱桃酒的酿造技术与实例

（一）樱桃酒

1. 工艺流程

果胶酶　　酵母菌
↓　　　　↓
原料选择→榨汁→酶解→过滤→酒精发酵→调酒→陈酿→换桶→调配→装瓶→消毒→成品

2. 操作要领

（1）原料选择与处理　选择新鲜、成熟度好、无霉烂变质的樱桃果实，破碎去梗、核，加水20%～30%，升温至70℃，保持20min，趁热榨汁。加入0.3%的果胶酶，充分混合，于45℃下澄清5～6h，使果胶充分水解；先虹吸上清液，沉淀部分用纱布袋过滤。

（2）酒精发酵 先向汁液中加入70～80mg/L的SO_2杀菌，因为酵母菌适应的糖度为20%，发酵总糖应达17%～21%，所以分两次加糖为好，第一次加入总量的60%，用砂糖将糖度调至15%，接种5%～10%的人工培养酵母进行酒精发酵，当糖度降至7%时，再加入余下的40%糖，发酵至酒度达13度为止。温度控制在22～23℃，发酵时间一般为7～10天。

（3）调酒度 用脱臭食用酒精或蒸馏酒将酒度调至18～20度，若酒度太低易被病菌侵染，过高会影响陈酿。

（4）陈酿 将酒液输入橡木桶，在12～15℃下储存。初期每周换桶一次，换两次桶后，每隔3～6个月换一次桶，每次换桶要清除沉淀，并把桶注满，一般经过两年时间的陈酿酒成熟，时间越长香味越浓。

（5）调配 加入蔗糖12%、饴糖3%、蜂蜜2%、甘油0.2%，调整糖度，并加入适量酒精以补充陈酿中的损失。

（6）灭菌 装瓶后置于冷水中，加热至水温逐渐升至70℃，保持20min进行灭菌，然后冷却至常温。

（二）樱桃白兰地

1. 工艺流程

原料选择→破碎→调整→发酵→压榨→蒸馏→陈酿→调配→装瓶→成品

2. 操作要领

（1）原料选择与预处理 选择新鲜、无霉烂、无病虫、成熟度适宜的果实，去梗、核后破碎，加入糖水，将糖度调至12%以上。

（2）酒精发酵 接种5%～10%的果汁酵母，温度控制在34℃左右进行酒精发酵，当糖度降至0.2%以下时，发酵停止。

（3）压榨 发酵后的材料压榨制取发酵液。

（4）蒸馏 用液体蒸馏器对发酵液进行蒸馏，去掉20%左右头酒，截去10度以下的尾酒可得到白兰地。

（5）陈酿 将蒸馏酒泵入橡木桶，用脱臭酒精将酒度调至40～45度，封存3～5年。

（6）调配 用糖浆调至需要的糖度。

（三）樱桃露酒

1. 原料（按生产1000kg成品酒汁）

樱桃原汁200kg、酒精（86%）180kg、砂糖150kg、甘油2kg、柠檬3kg。

2. 工艺流程

```
            酒精、水    果胶酶
              ↓          ↓
樱桃原汁→调配→浸泡→酶处理→过滤→离子交换→调整→密封→过滤→灌装→成品
```

3. 操作要领

(1) 调配　将樱桃原汁、水、酒精按 2∶4∶1 的比例混合均匀，放置 7 天。

(2) 酶处理　樱桃汁中果胶含量较高，混合液浑浊易产生沉淀，加入相当于樱桃汁量 0.05%的果胶酶，搅拌均匀，静置 6h，进行澄清处理。

(3) 除涩、调整　取上清液加入钠型强酸性离子除去涩味，突出樱桃香味，并将糖度、酒度分别调整至 12%、16 度。

(4) 陈酿、过滤、装瓶　将调好的酒液密封储藏 3 个月以上进行陈酿，然后过滤装瓶即为成品。

十四、橄榄酒的酿造技术与实例

(一) 工艺流程

```
                        SO2、白砂糖、酵母
                              ↓
              橄榄果→破碎→汁液前发酵→分离→后发酵→调整→储存→
                       ↓                  ↓
       白兰地←蒸馏←果渣浸泡            残渣蒸馏
                       ↓
                    浸泡原酒
       澄清、过滤、调配、储存→过滤、装瓶、灭菌、入库
```

(二) 操作要领

1. 原料选择与处理

选择成熟、新鲜果实，去除霉烂果与杂质，然后用木质器具破碎果实，榨汁，严格避免接触铁器。分离的果渣浸泡蒸馏，汁液进行前发酵。

2. 前发酵

汁液中加入 18%的白砂糖液、适量二氧化硫，搅拌均匀后，接种 5%～7%人工培养的原果野生酵母，进行前发酵，温度控制在 20～25℃，时间 5～7 天。

3. 后发酵

将前发酵液分离后进行后发酵。

4. 陈酿

后发酵结束后，储存 1～2 个月，用浸泡原酒调整后再储存 1～2 个月，然后澄清、过滤、调配合格后再陈酿 6 个月以上。

5. 过滤、装瓶、灭菌、入库

对陈酿期满的酒过滤装瓶，于 65～70℃下 15min 灭菌。自然冷却后包装入库。

十五、草莓酒的酿造技术与实例

（一）草莓酒

1. 工艺流程

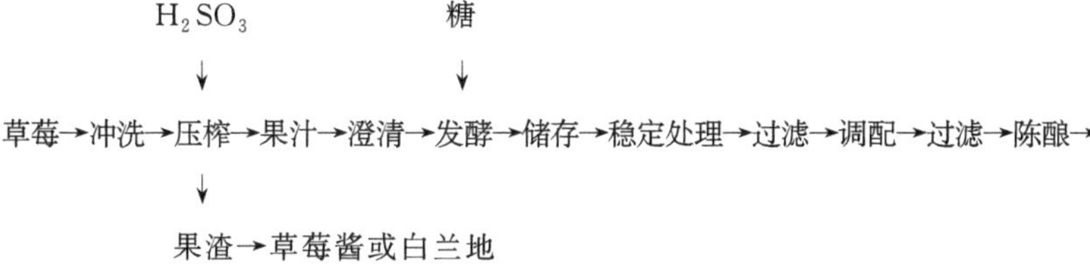

装瓶→包装→成品

2. 操作要领

（1）原料选择与处理　选择新鲜成熟的草莓果，去除生、青、病烂果，用清水冲洗干净，沥干，用压榨机压榨，为防止有害微生物繁殖须加适量 H_2SO_3，浓度控制在 20～25mg/L 为宜，如浓度过低，会造成酒花、杂菌感染，酒被氧化；浓度过高则造成酒褪色，发酵缓慢。

（2）澄清　将 101 澄清剂配成 5%的溶液，在原汁中加入 3%的澄清剂，沉降一定时间，虹吸上清液发酵。

（3）调配　用特级白砂糖将糖度调至 17%，因草莓含糖低，一般只有 4.6%～5.2%，为提高酒质必须添加白砂糖。草莓原液的酸度为 6～8g/L，pH 为 3.3～3.8。

（4）酒精发酵　将活性干酵母活化，按活性干酵母 0.015%的比例加入果汁内，发酵温度控制在 18～22℃。发酵结束后进行汁渣分离。温度若低于 18℃，发酵缓慢易污染，高于 22℃则酒质粗糙。

（5）陈酿　将发酵液陈酿 6 个月，进行稳定性处理。

（6）装瓶、包装，即为成品。

（二）蜂蜜草莓酒

1. 原料

新鲜草莓、蜂蜜（槐花）、安琪酿酒酵母、复合果胶酶（酶活力 50000U/g）、皂土、偏重亚硫酸钾、琼脂等。

2. 工艺流程

新鲜草莓→除梗→清洗→破碎→发酵→过滤 →澄清→巴氏灭菌→储存

3. 操作要点

采摘新鲜草莓，对破损果、病虫害果等进行去除，选择成熟度适当、色泽鲜红的鲜果。使用破壁机进行破碎，过滤后，根据实验设计进行调整，在22℃条件下进行发酵。发酵数天后，过滤澄清，得发酵液，再经过巴氏灭菌10min。冷却至常温后，装瓶储存。

十六、油橄榄酒的酿造技术与实例

（一）原料

油橄榄果、糯米、甜酒曲、食用酒精等。

（二）工艺流程

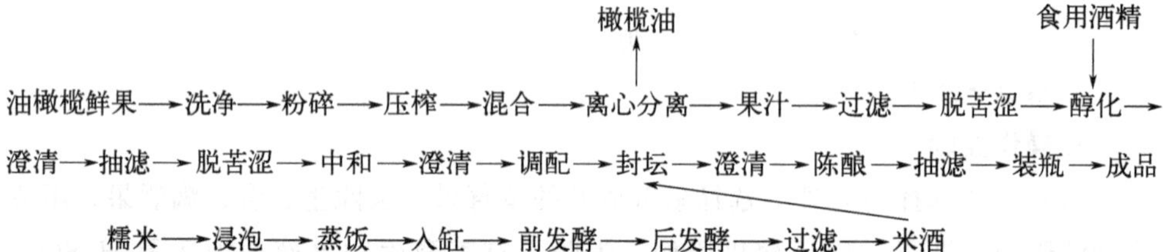

（三）操作要领

1. 原料选择与预处理

（1）榨取油橄榄汁　选择新鲜油橄榄果实，去除杂质，清洗干净，粉碎成浆，用板框式压滤机压滤，弃渣，得混合滤汁。用碟式离心机分离混合滤液得到橄榄油和果汁，将果汁装入不锈钢或瓦陶瓷容器中，待处理。

（2）脱苦涩　将果汁用滤布粗滤。加入相当于果汁0.4%的NaOH，充分搅拌均匀，调pH为8～11，于60～70℃下保持10～20min，不停地搅拌。在加NaOH的同时，为减少果汁中有效成分的破坏和酚类物质的氧化，可加入100～200mg/L的亚硫酸钠或亚硫酸氢钠。

（3）中和　加入相当于果汁量0.5%的柠檬酸，充分搅拌，使酸碱中和，去除碱味，调pH为4～5。

（4）醇化、澄清、抽滤　取95%的二级食用酒精，加入0.5%的活性炭搅拌均匀，脱臭处理24h，中途搅拌4次，过滤。将脱臭酒精加入脱去苦涩味的果汁中，调整酒度为30度，搅拌均匀，以除去果汁中的蛋白质、果胶、多糖等物质，延长储存时间。醇化处理7天后澄清，用虹吸法抽滤上层清液即为澄清脱苦涩果汁。

（5）糯米处理　选择颗粒饱满、洁白的糯米，在40～50℃温水中浸泡24h，淘洗干净，上甑蒸饭，蒸至无生心、带黏性、不成团为宜。立即将糯米饭出甑摊

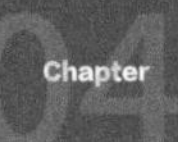

开，用排风扇降温至25～30℃，然后拌入相当于干糯米量1%的甜酒曲、10%的甜酒酒母液、100%的蒸饭水，装入缸中，用手在中间掏一洞，用消毒的白布盖住缸口。

2. 米酒发酵

拌曲入缸24h后，品温上升并开始冒泡，每天搅拌3～4次，使其上下发酵均匀。7天左右，米粒开始下降，品温下降，气泡明显减少，酒液转清，表明前发酵结束。

将发酵液渣一同转入小口酒坛，用塑料布盖住坛口，并在上面压沙袋密封，再封闭发酵20天，酒液基本澄清，抽出上清液，用三层纱布吊滤酒脚，将两种清液混合为米酒酒基。

3. 调配

将米酒酒基与脱苦涩澄清果汁等量混合均匀，用白砂糖加水熬煮成80%的糖浆，加入混合液内，调糖度为14.0%，用柠檬酸调酸度为0.4%，搅拌均匀后装入坛内，封严。

4. 澄清、陈酿

将封严的酒坛置于室内阴凉处，静置、澄清、陈酿30天以上，得到呈红宝石色、澄清透明，具香气，风味谐调、醇和的酒液。

5. 灌装、检验、成品出厂

用虹吸法轻轻吸出上清液，进行灌装，拧上瓶盖，套上封口胶，贴上标签。经过检验即可装箱出厂。

十七、甜橙酒的酿造技术与实例

（一）工艺流程

原料→分选→破碎→分离取汁→澄清→发酵→倒桶→储酒→过滤→冷处理→调配→过滤→成品

（二）操作要领

1. 原料选择与预处理

（1）原料选择　注意选择含苦味少的品种作为酿酒原料。甜橙一定要充分成熟，含糖量高。在破碎压榨时，尽量减少或避免果实中的苦味物质和精油进入果汁中。

（2）成分调整　一般甜橙汁的含糖量为11%～12%，酸度为1.4%，必须进行调糖、调酸。加入适量糖，把汁液的含糖量提高至21%～22%。用碳酸钾、碳酸钙或石灰乳等对汁液中的酸进行适当中和，将酸度降低为0.8%。也可用储藏的同类果汁进行勾兑。

2. 甜橙酒的发酵与成分调整

（1）发酵　注意控制发酵温度，及时冷却，控制品温在35℃以下。

（2）SO_2 处理　甜橙酒很容易氧化变色和酸败，酿造过程中必须加入较多的亚硫酸。主发酵时加入 SO_2 的浓度为100～150mg/L。酒成熟时和成熟后继续添加，使 SO_2 的浓度保持在200～250mg/L。当压榨的果汁不能及时酿制时，可在果汁中加入300mg/L的 SO_2 和25%左右的糖进行短时间储藏。

（3）成分调整　若酿制甜味酒，则应在主发酵后或装瓶前进行加糖。用糖量的多少因酒的类型而有别，以糖度达3%～5%或8%～10%为宜。四川省渠县的广柑酒其糖度高达29%，是一种高糖度酒。

甜橙酒的酿制方法基本同甜葡萄酒和白葡萄酒，详细内容参考白葡萄酒的酿造与实例部分。

十八、广柑酒的酿造技术与实例

（一）工艺流程

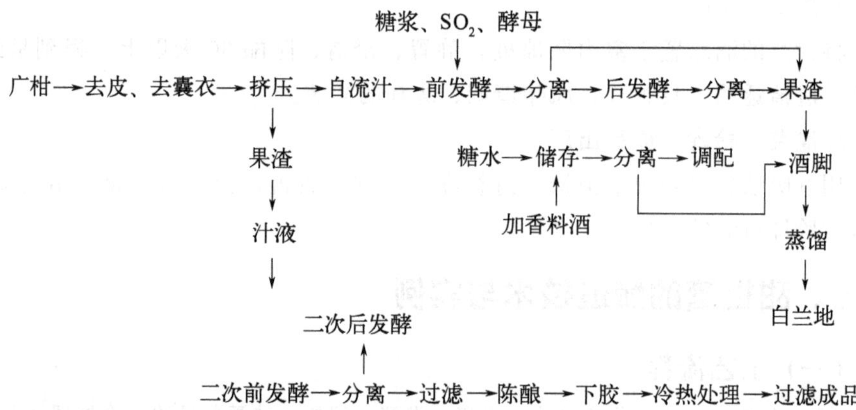

（二）操作要领

1. 原料选择与处理

选择新鲜、成熟度高、香气浓郁的大果为原料，去除霉、烂、病果。选好的果实要堆放2～3天，让其后熟软化，以增加香气和糖度，降低酸度，提高出汁率。然后用热水烫法去皮和去囊衣。再对果实进行破碎和挤压，将自流汁与湿渣分别调整成分进行发酵。

2. 前发酵

用白砂糖将自流汁的糖度调至15～16°Bx，并加入200～300mg/L SO_2。再接种1%～2%的人工培养酵母进行前发酵，温度控制在15～20℃，当酒度达15～16度时，前发酵结束。汁渣分离后，将酒脚进行蒸馏，汁液进入后发酵。

工艺同前发酵。

3. 制备广柑皮香料酒

对应用25度酒精浸提剩下的皮内的香味物质，浸提30天，酒精用量为皮量的4倍。尽量浸提外果皮，即含有油胞的部分，将白色海绵状的中果皮去除，不然会使香料酒发苦。浸提后蒸馏即可得到香料酒。

4. 陈酿

将后发酵的酒汁分离后加入香料酒，储存6个月以上，进行分离、调配、过滤，再陈酿3个月以上。

5. 澄清、冷冻、热处理、调配、过滤、灭菌

将陈酿后的酒用明胶或鸡蛋清进行澄清处理，静置1天后再冷冻处理5～7天，然后加热至60℃维持48h，自然冷却后再储存3个月，然后再按要求进行成分调整、过滤、装瓶、灭菌，即为广柑酒。

每次分离的果渣、酒脚集中后，加糖水、酵母进行发酵。蒸馏制得白兰地，用于调整酒度。

十九、橘酒的酿造技术与实例

（一）橘酒

橘酒的酿造工艺与其他果酒基本相同，但有以下几点在酿造中一定注意。

1. 原料选择与处理

橘酒中常因含有柚皮苷等苦味物质而略带苦味。所以要减轻酒的苦味，必须注意选择苦味淡的品种为原料。同时，在酿制过程中，果肉破碎不能过度，以减少囊衣和橘络中的苦味物质进入果汁。

2. 成分调整

宽皮橘类的果汁中含糖量较低，一般为10%左右，为提高酒度必须进行成分调整，加糖或食用酒精。若加糖则加入橘汁中；如果加酒精，则加入至前发酵后的酒醪中。如果酿制甜味酒，则在后发酵和除渣后再进行加糖。

3. 勾兑

为增加橘酒的鲜橘风味，在后发酵结束出渣后可加入未发酵的橘汁，以赋予酒具鲜橘风味。

4. 酶解

橘汁中果胶含量较高，酿制的橘酒不易澄清，所以要在主发酵时加入5%的果胶酶制剂对果胶物质进行水解，以获得清澈的酒液。

5. SO_2 处理

有些品种酿制的橘酒易氧化变色。如宽皮橘中的牛橘、巨橘等，所以酿制时亚硫酸的用量要大些，二氧化硫的浓度应达到200mg/L，而柑、朱红、本地早变色不明显，SO_2 的用量可酌情减少。

（二）柑橘砂囊啤酒

1. 原料

柑橘砂囊、啤酒、蔗糖、柠檬酸、橘汁香精、悬浮剂、琼脂。

2. 操作要领

（1）原料的选择与预处理

① 原料选择。选择新鲜充分成熟的柑橘，洗涤干净、热烫去皮，去络，分瓣，再用酸碱脱去囊衣。处理方法为：先用0.5%的食用级盐酸处理30min，将橘瓣浸没在盐酸中，不停地搅拌；用清水冲洗后，再用0.5%的氢氧化钠搅拌处理约10min，直至橘瓣背部囊衣基本脱落为止。

② 分离砂囊。用高压水冲淋漂洗，直至砂囊分离为单粒为止。

③ 硬化保膜。将砂囊在浓度为0.2%的氯化钙溶液中浸泡约30min，浸泡时间不宜过长，以免砂囊表面沉积白色果胶酸钙，甚至造成砂囊脱色。

（2）保存砂囊　将上述砂囊置于含有10%蔗糖与0.15%柠檬酸的保存液中，于低温室内保存，为防止有害微生物污染，可在保存液中加微量苯甲酸钠。

（3）制备啤酒　按传统工艺制备啤酒，存放在清酒罐中备用。

（4）调配、灌装、杀菌　首先按砂囊20%，蔗糖15%，柠檬酸0.2%，橘汁香精0.1%，悬浮剂琼脂为0.4%的比例配制混合液。第一步将琼脂加水充分溶化，然后与除砂囊外的其他材料混合，并过滤；第二步加入砂囊即为混合液。当混合液冷却后，再泵入清酒罐，与等量的啤酒混合均匀，也可充入适量的二氧化碳，待酒液稳定后，即可灌装、杀菌。

（三）柑橘白兰地

1. 工艺流程

柑橘鲜果→洗涤→全果榨汁→打浆→离心分离→静置澄清→虹吸清汁→调整→主发酵→倒桶→后发酵→发酵原酒→粗蒸馏→精蒸馏→原白兰地→橡木桶储存→调配→过滤→陈酿→调整成分→冷冻处理→过滤→灌装→检验→包装→成品

2. 操作要领

（1）原料选择与预处理

① 榨汁。选择新鲜的温州蜜柑等柑橘类果实为原料，剔除霉烂、病虫果及杂质。要求果实充分成熟，含糖量高，香气浓，汁液丰富，含酸适量。用清水将果实清洗干净，采用新型整果榨汁机榨汁，实现一次性皮渣与汁液分离，苦味物质残留少，其为目前柑橘榨汁中较先进的榨汁机。

② 打浆。将分离出的果汁经打浆、离心分离，除去其中所含有的浆渣等不

溶性固形物。

③ 静置澄清。将一定量的果胶酶与偏重亚硫酸钾充分溶解后，加入果汁中并混合均匀，于室温下静置48h，使果汁澄清。

④ 成分调整。根据果汁成分检测结果和成品所要求达到的酒度进行成分调整，计算补加的糖、酸和二氧化硫的量，使发酵顺利进行并提高酒的质量。

（2）发酵与蒸馏

① 主发酵。将经过三级扩大培养的PPC1.26酵母液接种于调整好的果汁中，接种量为1%～5%，进行主发酵，注意检查发酵液的品温以及糖、酸和酒精含量等，当残糖量降至0.4%以下时发酵结束，时间为7天。

② 后发酵。主发酵结束后，及时倒罐清除沉入罐底的果渣及死酵母，进行后发酵，温度控制在15℃左右。当白兰地原酒残糖在0.3%以下、挥发酸在0.05%以下时后发酵结束，时间约需8天。

③ 粗蒸馏。将发酵原酒装入壶式蒸馏釜中，留有1/5的空间，直接蒸馏。当蒸馏液中的酒精含量为2%左右时切除酒尾，可得到酒精含量为26%～29%的粗蒸馏原白兰地。

④ 精馏。将粗馏原白兰地再注入壶式蒸馏釜中，留1/5的空间，文火缓慢蒸馏。截去酒头，直到蒸馏出的酒液酒度降至38～44度时，切去酒尾，取中间酒身部分即为柑橘白兰地。

（3）储存、调配

① 储存。精馏后的柑橘白兰地须经过储存、调配后才符合饮用标准，在橡木桶中经多年的储存陈酿，才能使质量达到完美程度。储存过程中，酒会因蒸发而减少，每年注意添加1～2次新酒，留1%～1.5%的空隙，利于酒的氧化过程。储存时温度保持在15～25℃，相对湿度为75%～85%。

② 调配。调配有两项任务：一是将不同储存期的白兰地按比例进行勾兑，使风格一致；二是调糖、调香、调色、调酒精含量，用糖浆调糖，用糖色调色，用软化水调酒精含量。调配后的柑橘白兰地在橡木桶内再进行短时间储存。

（4）冷冻、过滤至成品　将经过两次调配并短储后的柑橘白兰地，置于冷冻罐中速冻，使温度保持在－10℃左右，保温7天，冷冻过滤，以防止成品销售时产生“冷凝”现象，杜绝絮状沉淀。回温后装瓶，检查合格后即为成品柑橘白兰地。

二十、金橘酒的酿造技术与实例

（一）工艺流程

选择金橘果→浸泡→分离→金橘原酒→冷冻、澄清→过滤→调配、化验→储存→过滤、装瓶、灭菌、包装、入库

(二) 操作要领

1. 原料选择与处理

选择新鲜、成熟的金橘果实，去除霉烂部分，去除杂质，进行破碎，切忌破碎种籽。

2. 浸泡

用20%～25%的脱臭酒精浸泡果浆，时间56h，其间搅拌两次，让其充分浸泡。然后采用虹吸法，吸出上清酒液即为浸泡原酒。

3. 冷冻、澄清、过滤、调配、化验

合格后陈酿6个月。

4. 过滤、灭菌、入库

对陈酿后的酒液过滤、装瓶并在65～70℃下杀菌15min。自然冷却后包装入库。也可加进发酵工艺，将发酵原酒与浸泡原酒按比例混合则色香味更美。

二十一、佛手酒的酿造技术与实例

(一) 佛手酒

1. 原料配方（以1000kg成品酒计）

（1）中药材　佛手20kg、枳壳2kg、陈皮2.5kg、广木香2kg、木瓜2kg、豆蔻0.5kg、青皮2kg、丁香0.5kg、五加皮2kg、檀香0.25kg。

（2）糖　冰糖40kg，白砂糖60kg，蛋清1.2kg搅成细泡沫自行液化而成。

（3）脱臭酒精　将二级以上酒精，脱臭至无色，无异味、无辛辣感。酒精用量按1000kg成品酒25度酒度计算（包括65%～70%泡药用酒精）需用95%酒精221kg。

（4）酒基调料　55度清香型白酒5%，味精34g，清香型调香剂100mL，麦芽酚30g，柠檬酸适量，调制中可按具体情况加以调整。

2. 操作要领

（1）药材浸渍　常温下将药材放入70度脱臭酒精中浸渍15天，中间搅拌数次，过滤后加入新酒精浸渍一周再过滤。余下的药渣进行酒精药液回收，将三次药液混合一起澄清备用。

（2）制备糖浆　将冰糖、白砂糖混合并加水200kg，加蛋清液充分混合搅拌，并加热缓慢煮沸溶化，趁热过滤待用。

（3）酒基　按配25度酒计算所需95%脱臭酒精数量，量好待用。

（4）配制　将药液调料和清香型白酒先与酒基混合，然后加入糖液，再用软化水或蒸馏水定容至1000kg，搅匀后检测。

（5）后处理　根据风味和稳定情况，在常温下进行一定时间的储藏，过滤装瓶。

在 70～75℃下保持 25～30min 进行巴氏杀菌，使各种成分充分融合，口味柔和。

(二) 佛手柑橘酒

1. 原料

佛手、柑橘、自制酒母液、偏重亚硫酸钾、果胶酶、柠檬酸、蔗糖。

2. 工艺流程

柑橘酶解榨汁（添加佛手汁）→混合→过滤→调整糖度、酸度→巴氏灭菌→接种 →主发酵→后发酵→澄清→过滤→杀菌→成品

3. 操作要领

(1) 原料选择　选择含糖量高、完熟的柑橘作原料。佛手选择表皮张力强，肉质结实，香气浓郁的品种。

(2) 压榨　将柑橘洗净，然后剥除果皮，用压榨机榨出果汁待用；佛手清洗后，经过破碎、压榨，与柑橘汁混合，混合比例为每 10kg 柑橘榨汁后添加 100g 佛手汁。过滤后初始可溶性固形物含量为 24%。

(3) 除果胶　在果汁中加入 60mg/L 40℃的果胶酶作用 2h。

(4) 调节糖、酸度　加入蔗糖，使其含糖 20%，使用柠檬酸调节，使 pH 到 3.8。

(5) 接种　加入 5%的自制酒母液。

(6) 发酵　主发酵，24～26℃培养 12 天；后发酵：在自然环境下 3 个月。

二十二、金丝小枣酒的酿造技术与实例

(一) 浸泡与蒸馏型金丝小枣酒

该金丝小枣酒是以金丝小枣为原料、优质高粱酒为酒基，用浸泡法提取枣液，分离的果渣经蒸馏获取枣香蒸馏酒，余渣拌入高粱酒共同发酵以充分利用物料，然后进行调配而成。

1. 原料

金丝小枣、高粱酒、柠檬酸、白砂糖。

2. 工艺流程

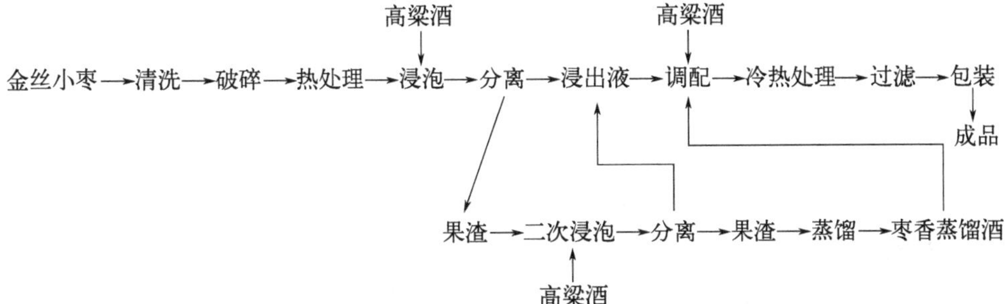

3. 操作要领

(1) 原料处理　选择新鲜成熟的金丝小枣，清洗干净后破碎，再热处理，然后用高粱酒浸泡，粗滤后得浸出液。

(2) 浸泡　分离的果渣用高粱酒进行二次浸泡，粗滤得二次浸出液。

(3) 蒸馏　将分离的二次果渣进行蒸馏，得到枣香蒸馏酒。

(4) 调配　将两次浸出液、枣香蒸馏酒和高粱酒进行调配，再经冷热处理，低温过滤，包装，即为成品。

(二) 发酵与浸泡型金丝枣酒

1. 工艺流程

SO_2、酵母 ↓（加入调整与发酵之间）

金丝小枣→清洗→破碎（热水）→白酒或酒精浸泡→过滤→调整→发酵→分离→

↓（过滤后）

枣渣浸泡→蒸馏→白兰地

后发酵→分离→陈酿→冷冻下胶→过滤→调配→过滤，装瓶，杀菌，入库

2. 操作要领

(1) 原料选择与处理　选择新鲜、成熟、无病虫、无霉烂的小红枣，清洗干净后，边加少量热水边破碎，然后用脱臭酒精或清香型高粱白酒浸泡枣浆36～48h。过滤后的枣渣再浸泡24h后进行蒸馏，制得白兰地酒。

(2) 发酵　调整枣汁成分，加入30mg/L SO_2，接种人工培养酵母10%～12%，温度控制在20～22℃，进行前发酵，7天后分离进行后发酵再分离。

(3) 陈酿、冷冻、下胶　将分离的酒液陈酿6个月以上，进行冷冻下胶处理。

(4) 过滤、调整、装瓶、灭菌至成品　下胶后过滤调整成分，再进行过滤、装瓶，65～72℃水浴，20min灭菌，自然冷却后贴商标，成品入库。

二十三、大枣酒的酿造技术与实例

(一) 发酵型大枣酒

1. 工艺流程

乙醇、水、蜂蜜 ↓（加入发酵）

进料→分选→清洗→浸泡→破碎→发酵→勾兑→陈酿→成品

2. 操作要领

(1) 原料的选择与预处理　选择优质枣果实作为原料，剔除病虫霉烂果。将

果实洗干净，去除果实上的灰尘与杂质。

把洗净的枣果分为三份，分别用以下方法进行处理。

① 冷水浸泡。用冷水浸泡 24h，使枣充分吸水膨胀后，在破碎机内轧碎成块，以使酵母菌充分接触发酵。接种酵母菌，用量为总量的 5%～7%，然后在 25℃条件下发酵，经 15～20 天发酵便可完成。

② 乙醇浸泡。先将 95%的酒精用软水稀释至 30%，然后加热升温至 70℃，再冷却。按 1 份果实、5 份稀释乙醇的比例浸泡果实；然后加热至沸腾，煮沸 10min。待乙醇把大枣中的色素和有效成分提取出来后，再把汁、渣分离，分离出的枣渣按 1∶3 的比例用 30%酒精浸泡一次，再次煮沸 15～20min，分离汁液。将两次分离出的浸泡液兑在一起，过滤，灭菌待用。

③ 蜂蜜汁浸泡。先将浓度为 70%的蜂蜜加软水稀释至 40%，再稀释至 20%，并加入 0.1%的柠檬酸。将果实泡在稀释的蜂蜜液内，然后将该蜂蜜稀释液加热升温至 60℃，过滤备用。低温可保持生物酶的活性，加柠檬酸的目的在于溶解矿物质。将蜂蜜稀释至 40%再到 20%利于花粉溶解，并抵抗杂菌的破坏。最后放于低温下储藏，防止发酵。

(2) 勾兑与陈酿

① 勾兑。把以上三种浸泡液按配方比例进行勾兑。一般发酵汁为 50%，乙醇浸泡汁为 20%～30%，蜂蜜汁为 20%～30%，勾兑一起，充分搅拌均匀。

② 陈酿。在低温下陈酿一年使酒增香和澄清。

(二) 浸泡与发酵型红枣酒

1. 工艺流程

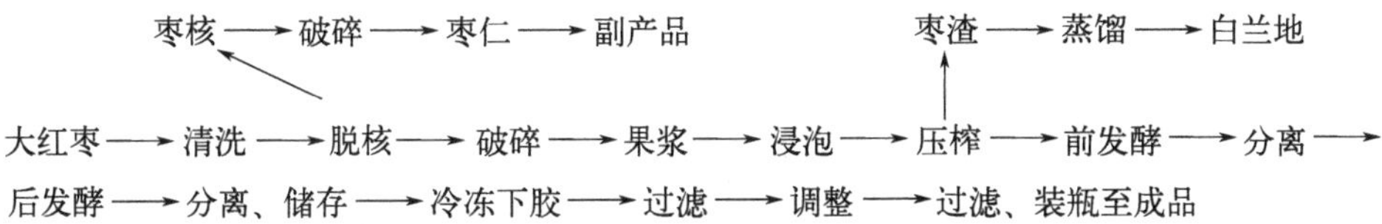

2. 操作要领

(1) 原料选择与处理　选择新鲜成熟的大枣，去除霉烂变质的部分。用清水清洗干净，去除果核，果肉破碎后加入 30mg/L SO_2，用 25%～35%的脱臭酒精浸泡 7 天，然后压榨。

(2) 发酵　压榨汁加入 10%～15%的人工培养酵母，于 20℃以下发酵，时间 7～10 天。分离后进行后发酵再分离，进行储存，时间一年以上。

(3) 冷冻、下胶、过滤、调整成分、装瓶、灭菌、贴标入库。

二十四、酸枣酒的酿造技术与实例

（一）酸枣酒

1. 原料

酸枣、脱臭酒精、白砂糖、甜味剂、柠檬酸等。

2. 工艺流程

（1）半发酵生产工艺

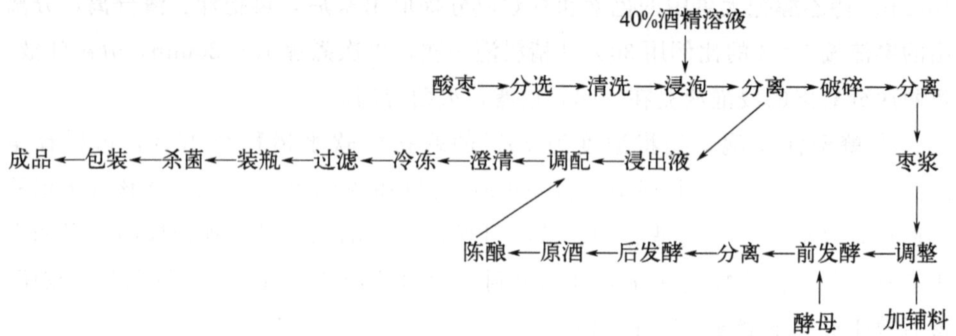

（2）全发酵生产工艺

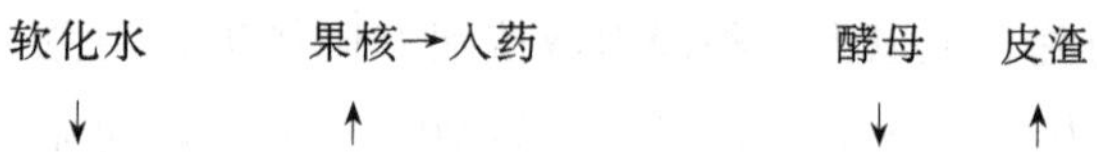

酸枣→分选→清洗→烘焙→润枣→破碎→分离→果浆→调整成分→前发酵→分离→后发酵→倒池→原酒→调配→冷热交换→过滤→装瓶→杀菌→检验→包装→成品

3. 操作要领

（1）工艺选择　一般选用半发酵生产工艺。用40%的酒精水溶液浸泡时，枣和酒精比例为1∶2，温度为30～35℃，时间48～72h。经酸枣浸泡得到的浸出液和发酵得到的原酒可分别储存陈酿。

若选用全发酵工艺，关键是控制好烘焙的温度、外观质量、润枣时所用软化水的温度、时间和原料的最佳配比。烘焙酸枣用铜或不锈钢制品，加入一定量粗沙作媒介，用火直接加热至酸枣变为棕黄色为止。然后将其投入50℃软水中润枣，使其吸水迅速膨胀，再破碎、分离、调整、接种发酵即可制得原酒。

（2）菌种选择　对1450葡萄酒酵母菌株进行诱变筛选获得M-22号酵母菌。

（3）稳定性处理　酸枣含蛋白质和果胶物质较高，造成酒液浑浊不清，必须先进行工艺处理使其达到生物稳定和非生物稳定。工艺处理的方法有热处理（加热至70～80℃，使部分蛋白质受热而分离出去）、吸附处理（向酒液中加入带相反电荷的酚类物质，异电相吸，加速酒液澄清）、冷冻处理（胶体物质遇冷后溶解度降低，从而被分离出去）、再加热处理（将灌装后的瓶酒进行再加热至65～

68℃进行杀菌，并提高生物稳定性）。

（二）发酵浸泡型酸枣酒

1. 工艺流程

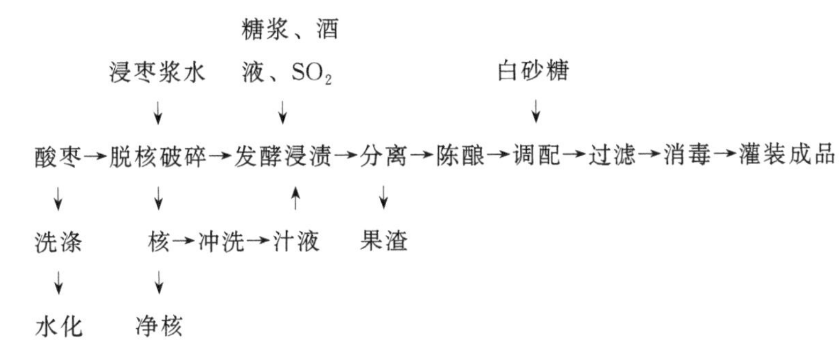

2. 操作要领

（1）原料选择与处理　选择成熟度高、果实饱满、色泽鲜艳的新鲜果实，去除霉烂和病虫果，用清水洗涤，去除果皮上的污物、杂质。然后置于陶罐或不锈钢容器内，加水浸泡，水面要超过枣 10cm。浸泡时间 12～24h，因气温和水温的高低而不同，温度低，时间长。吸足水后脱核粉碎去除果核，将醪液送入发酵罐中发酵。

（2）发酵　加入 3 倍醪液的 5%糖浆、150～300mg/L 二氧化硫，搅拌均匀，自然发酵，温度保持在 24～30℃，时间 3～4 天。若发酵不旺盛，可接种适量酵母促进发酵。

（3）沉淀分离　将发酵液密封静置 7 天，沉淀分离，再压榨，清酒输入储藏罐为酸枣原酒。

（4）调整　将原酒化验后，用脱臭酒精调酒度达 18 度后进行陈酿。

（5）酒精浸渍法制酸枣酒　加入 3～4 倍于酸枣醪液的 25 度脱臭酒精溶液，时间 10～30 天，因气温高低而定，中间搅拌 2～3 次，浸好后进行分离，对酒液进行陈酿，容器留有 5%的空间以防氧化。储藏环境的温度以 12～18℃为宜。

二十五、猕猴桃酒的酿造技术与实例

（一）猕猴桃酒

1. 工艺流程

进料→清洗→破碎→主发酵→分离→后发酵→调整酒度→储藏

2. 操作要领

（1）原料选择与预处理　选用中华猕猴桃或软枣猕猴桃为原料，果实要经过后熟方能使用。残次落果也可利用，但要清除霉烂、变质部分。用清水将原料漂洗干净。将破碎机的对辊间隙调好，将原料挤破成浆状。先用 78～85℃的高温对浆料进行瞬间（40～60s）灭菌，而后冷却至30℃左右。加入50mg/L二氧化硫、100mg/L果胶酶，搅拌均匀，静置2～4h后进行榨汁。

（2）发酵与陈酿

① 主发酵。接入相当于果浆总重量5%的酵母液，并充分混合，使酵母菌分布尽量均匀，进行酒精发酵。将温度控制在20～28℃的范围内，以25℃为宜。经7天左右可完成主发酵。发酵液内的残糖为2%。

② 分离。及时对果浆进行压榨，去除果渣，分离出发酵液。

③ 后发酵。先调糖，以成品酒的酒度计算加糖量，并一次加足。再加50mg/L二氧化硫，将发酵液置于15～20℃条件下进行缓慢后发酵，约需一个月的时间，当残糖降至0.2%时为后发酵终点。

④ 陈酿。先用高浓度的食用酒精或白兰地调整酒度，然后进行澄清，倒桶清除沉淀。再进行陈酿，使酒进行酯化、氧化还原反应并沉淀，即增香和澄清。经一年左右时间可得到醇香澄清的酒。

（3）勾兑

① 调糖。先将食糖配制成糖浆，含糖为70°Bx。再将相当于酒重量25%左右的糖浆加入酒中，使之含糖量达到14～16°Bx。

② 调酒。用食用酒精或白兰地调整酒度，酒精及白兰地用量以下式计算：

$$加入酒精量=\frac{拟配制酒度-发酵酒度}{所用酒精酒度-拟配制酒度}\times配制量$$

③ 调酸。用柠檬酸调酒的口感和pH值。

④ 过滤，装瓶入库。

（二）猕猴桃汁酒

1.原料

猕猴桃、软化水、澄清剂、白砂糖、柠檬酸等。

2.工艺流程

猕猴桃原浆→稀释→首次配制→澄清→二次过滤→除杂→二次配制→储存→过滤→成品

3.操作要领

（1）稀释与首次配制　猕猴桃原浆，黄色，浓稠，似稀面浆。为防其变质，首先加入粗馏酒精使其酒精含量达14%，苦涩味浓。对猕猴桃原浆直接澄清难度很大，必须先稀释后澄清，为防止有害微生物侵染，要在稀释浆中加入食用酒精，提高酒度，以使猕猴桃原浆转变成浑浊的原酒，利于澄清除杂。按原浆20%、酒精含量16%、水64%的比例称取原浆、食用酒精和软化过滤水，三者混合均匀后静置一周，以备澄清除杂。

（2）澄清　猕猴桃中含有1%的果胶，它和蛋白质、维生素、半纤维素相互凝聚，给澄清造成难度，一般采用下列方法澄清：

① 自制粗果胶酶澄清。黑曲霉孢子和菌丝中含有较多的果胶酶，将黑曲霉菌种置于95%的酒精中进行萃取，使果胶酶释放出来，滤除残渣，静置取沉积物，于常温下干燥，可得粗果胶酶。加0.025%的果胶酶于原酒中，充分摇匀、静置，可得到澄清透明的酒液。

② 明胶瓷土法。选择质量较好的白瓷土，加入0.4%（质量比）的氢氧化钠溶液，煮沸20min，进行强碱处理。明胶加水煮沸，不断搅拌使之溶解。然后按瓷土0.2%、明胶0.01%的比例加入原酒中，搅拌20min，静置7天，进行过滤。一般过滤两次，第一次滤去较大杂质，第二次精滤得到澄清酒液。

上述两种方法相比较，第一种方法效果好，但成本高，需用大量黑曲霉种曲，酒精损失在10%以上；第二种方法经济实用，简便易行。

(3) 去苦除杂 利用钠型强酸性树脂可以置换出钠离子吸附其他离子的原理对原酒进行处理。首先对钠型强酸性树脂进行充分漂洗，除去色素、灰尘和水溶性杂质，然后以10%的钠盐溶液为再生剂，将澄清的原酒由高位流过6支有机玻璃交换柱，即可得到澄清透明、无苦涩杂味的原酒。交换倍数经试验确定。将经过处理的酒进行第二次配制，调糖、酸和酒度，密封陈酿3个月以上，经过滤即可封装出厂。

(三) 猕猴桃紫薯酒

1. 原料

猕猴桃、紫薯、柠檬酸、糖化酶、α-淀粉酶、酿酒高活性干酵母、食品级亚硫酸氢钠。

2. 工艺流程

紫薯→蒸煮打浆→液化、糖化→冷却→猕猴桃汁与紫薯浆按比例混合→灭菌→发酵（添加酵母）→倒酒→灭菌→紫薯-猕猴桃复合果酒

3. 操作要点

(1) 制备猕猴桃汁 挑选成熟、表面完好的新鲜猕猴桃，洗净去皮后加入榨汁机中破碎取汁。

(2) 制备紫薯汁 挑选优质紫薯洗净、去皮、切块后蒸熟，然后按1∶1.5料液比加水打浆。

(3) 糖化、液化 食品级α-淀粉酶添加量为紫薯浆质量的15%，在温度35℃的条件下，酶解1h进行液化；食品级糖化酶的使用量为紫薯浆质量的0.2%，在温度为35℃的条件下，酶解2h进行糖化。

(4) 灭菌 采用巴氏灭菌法进行灭菌，在68℃的条件下恒温保持30min。

（5）活化发酵　将一定质量的酵母按比例用温水活化 20min，再按比例吸取活化后的酵母液置于发酵液中并摇匀，避免酵母与内壁黏附。

二十六、柿酒的酿造技术与实例

（一）工艺流程

0.05%高锰酸钾 ↓（浸泡）；果胶酶、酵母 ↓（加水发酵）

柿果→清洗→浸泡（40～45℃）脱涩→除果梗、花萼→破碎→加水发酵→压榨→过滤→后发酵→储存→换桶→调配→过滤→装瓶→灭菌→冷却→包装→入库

压榨 ↓

加水二次发酵→蒸馏→柿白兰地

（二）操作要领

1. 原料选择与处理

选择新鲜、成熟度适宜、总糖含量为 16%～26%、总酸含量为 0.8%～1.2%的柿果为原料，去除霉烂部分。用含 0.05%高锰酸钾的水溶液洗涤干净，在 40～45℃温水中浸泡 24h 进行脱涩。去除果柄、萼片后进行破碎。

2. 主发酵

将水注入柿果浆内，用白砂糖将糖度调至 20%，用柠檬酸调 pH 为 4.0。加入 0.3%的果胶酶使果胶溶解，接种 5%的葡萄酒酵母液，充分搅拌，混合均匀，进行酒精发酵，温度控制在 25～28℃，时间 8～10 天。

3. 压榨、过滤、后发酵

对发酵液进行压榨取汁并过滤，进行后发酵。余渣可加水发酵、蒸馏制成柿白兰地。

4. 陈酿、调配

将酒液泵入陈酿罐内存放 6 个月以上，然后进行成分调整，使酒度、总酸、总糖达到要求的标准。

5. 澄清、装瓶、灭菌

将调好的酒液经澄清处理后，装瓶，在 65～72℃水浴中处理 15min 灭菌，取出冷却，贴商标，包装入库。

二十七、板栗酒的酿造技术与实例

（一）原料

板栗、白砂糖、酒用酵母、BF7658α-淀粉酶、糖化酶、果胶酶、偏重亚硫酸钾、异抗坏血酸、氯化钙。

（二）工艺流程

活化酵母菌

↓

进料→脱壳去衣→打浆→糊化、糖化→过滤→成分调整→前发酵→倒罐→后发酵→陈酿→澄清过滤→调配→精滤→灌装→杀菌→成品

（三）操作要领

1. 原料选择与处理

选择新鲜、成熟的板栗，去除病虫、霉烂、发芽的果实。用清水冲洗干净后按小、大分级，然后脱壳，除内衣，将栗仁快速浸入含有 0.2%偏重亚硫酸钾+0.1%的糖酸溶液内。用粉碎机将栗仁粉碎后，加水打浆，在打浆前先加入相当于仁重和水重 0.01%的偏重亚硫酸钾。

2. 糊化、糖化

将打好的浆液中加入相当于栗仁重 0.06%的活化的 BF7658α-淀粉酶、氯化钙（0.02mol/L 浆液），升温至 76℃并保持 30min；再升至 90℃维持 15min，再加入活化 α-淀粉酶（仁重的 0.04%），升至 100℃，保持 5min；降温至 63℃，将 pH 调至 5.0，加入相当于仁重 0.2%的活化糖化酶，保持 63℃下可发酵糖不再增加为止，降温到 55℃，加入相当于栗仁重 0.2%的果胶酶，不断搅拌，使果胶物质在 55℃下全部分解。用 70 目滤布过滤。

3. 前发酵

将糖化醪的糖含量调至 17%，添加二氧化硫使其浓度为 100mg/L，降温至 26℃，接种活化酵母 10^6～10^7 个/mL，温度控制在 25℃左右进行酒精发酵。至残糖降至 0.5%～0.8%，前发酵结束。

4. 后发酵

将上述发酵液倒罐进行后发酵，温度控制在 15～20℃。当残糖降至 0.3%～0.4%时，后发酵结束。

5. 陈酿

将发酵酒液置于 10～15℃下存放一定时间，游离二氧化硫控制在 20～50mg/L，注意换桶和添桶。

6. 澄清、过滤

用酪蛋白-单宁法澄清，一般酪蛋白和单宁用量分别为 0.2～0.4g/L 和 0.1～0.16g/L。澄清后用硅藻土过滤机过滤。

7. 调配

将酒度、糖度、酸度、香气调至标准要求，并加 100mg/L 以上的抗坏血酸或异抗坏血酸和一定量的偏重亚硫酸钾或其他亚硫酸盐（游离 SO_2 和总 SO_2 含

量合乎标准)。

8. 精滤、杀菌

用板框过滤机精滤后装瓶，于60～70℃下10min进行杀菌。

二十八、杨梅酒的酿造技术与实例

杨梅酒的酿造工艺同葡萄酒，但在酿制中要注意以下几点。

(一) 原料的选择与预处理

(1) 杨梅无外果皮，为浆果，所以易沾染杂质，果实易腐烂。在加工前一定用清水将果实漂洗干净并充分沥干水分。

(2) 为酿制红色酒液，应注意选择色泽浓而松脂味轻的品种为原料。成熟后加入1/3～2/3的杨梅浸泡酒，以减少杨梅花色素在发酵中的分解而保持红色。

(3) 杨梅的果肉与果核不易分离，压榨前必须将果实破碎或捣碎。将自流汁与压榨汁合并一同发酵。

(二) 成分调整

杨梅汁的糖度一般在7%～9%，酸度在1%以上，因此为达到要求的酒度，必须进行成分调整，即加入食糖提高糖度或部分食用酒精以酿成理想的果酒。若一次加入大量的糖会影响酒精发酵，所以糖要分几次加入。发酵前加一次，用量为7%，以后每隔48h加一次，第二次的加糖量为7%，第三次为5%。发酵结束后，酒度达到12度，糖度为6.5%，成熟后再用杨梅浸泡酒来进一步提高酒度。

(三) 澄清

压榨时杨梅汁中会有较多的果屑、果胶和杂质，发酵时会形成泡沫状粕帽，一定要及时清除。

(四) SO_2 处理

为保证发酵顺利进行，一定抑制非需要微生物的活动，要在果汁内加入 SO_2，使 SO_2 的浓度达100～200mg/L。

(五) 成品澄清

杨梅酒中常因含有蛋白质类物质而造成浑浊，可用浓度为5%～6%的柿漆0.06%或明胶0.005%，在15～20℃条件下，放置7～15天，使酒沉淀澄清。

为确保酒的稳定性，可瓶装，于65℃下保持10min杀菌。

二十九、黑加仑酒的酿造技术与实例

(一) 原料

黑豆果、酒精、白砂糖、二氧化硫。

（二）工艺流程

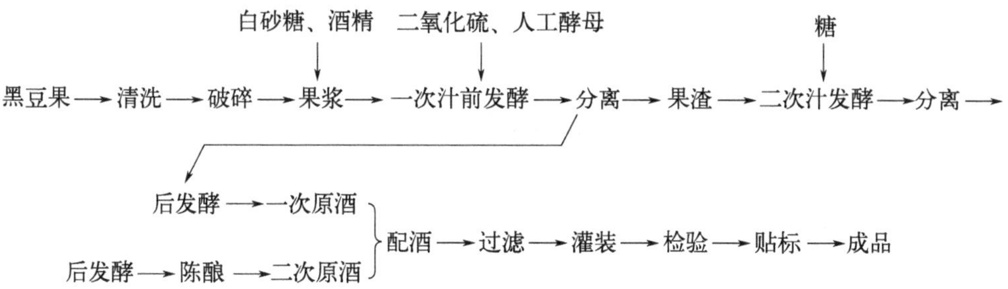

（三）操作要领

1. 原料的选择与处理

选择成熟度适宜，肉质多、汁液多、风味甜酸适宜，含糖量在8%以上，酸度为2g/100mL，成熟度一致的新鲜果实。去除腐烂果、青粒果、杂质，并清洗干净，然后进行破碎，使果实破碎度在98%以上。当天采收的果实当天加工完毕。

破碎后进行成分调整，加入100mg/L的SO_2；按自身含糖量和前发酵要求达到的酒度加入适量白砂糖和相当于果浆含量4%的脱臭酒精，搅拌均匀。

2. 发酵与陈酿

（1）主发酵　将汁液放置于发酵罐内。接种10%的人工培养酵母进行前发酵，将发酵品温控制在25～28℃范围内，不能超过30℃，发酵时间3～4天，当发酵液酒度达8%～10%、残糖为4%～5%时，前发酵结束，进行分离。注意在发酵中每天倒汁1～2次，每次30min。

（2）后发酵　按最终酒度达15%的指标要求补加白砂糖，用分离汁溶化糖，边加糖边搅拌。将品温控制在24～26℃，发酵时间4～7天，当酒度达到14%左右、残糖降至1%以下时，后发酵结束，为一次汁原酒。将发酵液泵入地下室专用桶（池）内，进行陈酿。后发酵也可在18～20℃下进行一个月左右的缓慢发酵。

（3）二次汁前发酵　将一次发酵分离出的果渣，加入30%的水，按要求得到的酒度添加白砂糖进行二次前发酵，品温控制在25～28℃，发酵时间36～48h，当酒度达到6%～7%、残糖为3%～4%时，进行二次分离。

（4）二次汁后发酵　将上述分离液按酒度达12%的要求进行补糖，进行后发酵，控制温度、时间同一次汁。当酒度达11%、残糖在1%以下时送入地下室进行陈酿。

（5）陈酿 一般在一年以上，以4～5年为最佳原酒，酒香浓郁。陈酿期间注意倒桶，及时清除酒脚，并吸收适量的氧气，注意避免污染。

3. 调配

将发酵原酒和浸泡原酒（用脱臭酒精浸泡黑豆果而制得）按 3∶1 的比例进行调配，可得到谐调的黑加仑酒。

三十、荔枝酒的酿造技术与实例

（一）工艺流程

白砂糖、SO_2、
水　米酒或白酒、酵母
↓　↓
荔枝果→清洗→去壳、核→压榨→前发酵→分离→后发酵，陈酿→过滤、装瓶、灭菌、冷却、入库

（二）操作要领

1. 原料选择与处理

选乌叶荔枝果为好，果实成熟，新鲜，优质，无病虫，无霉烂。清洗干净沥水后去壳、核，果肉内加入树脂处理的水，进行压榨。

2. 前发酵

加入相当于果肉重量 80％的白砂糖调整糖度，用脱臭酒精将酒度调至 4 度，用柠檬酸调整酸度，加入适量二氧化硫，静置数小时后加入成品米酒或优质白酒，接种 5％～10％的人工酵母，进行前发酵。

3. 后发酵

将前发酵液分离进行后发酵，并陈酿 30～60 天。

4. 过滤、装瓶、杀菌、入库

过滤装瓶后用 65～72℃水浴灭菌 15min，自然冷却，包装入库。

三十一、桑葚酒的酿造技术与实例

（一）桑葚酒

1. 工艺流程

选料→清洗→破碎→入缸（池）→配料→主发酵→分离→后发酵→倒缸（池）→陈酿→澄清→过滤→调配→储存→过滤→装瓶→成品

2. 操作要领

（1）原料的选择与预处理

① 原料选择。选择成熟度适宜的红色、紫红色、紫色、无霉烂变质的桑葚果实为原料。剔除过熟及成熟度不够的果实。清洗干净。

② 破碎。用不锈钢辊筒式破碎机或木制工具将果实破碎，尽量将囊包打破，将汁渣一并入缸（池）进行发酵。

③ 配料。每100kg原料中加水150～200kg、白砂糖40～50kg、偏重亚硫酸钾20～25mg/kg，混合均匀；加入总原料5%以下的脱臭食用酒精（若全发酵可以不加入，按1.7g糖产1%的酒精计算）。加入培养旺盛的酵母液3%～5%（菌种的培养同其他果露酒），搅拌均匀。

（2）发酵与分离

① 主发酵。将上述调配好的原料置于22～28℃下进行发酵。每天搅拌两次，3天左右主发酵结束，立即分离皮渣。

② 分离。用纱布、白布或其他不锈钢设备对发酵液进行过滤，将皮渣与发酵液分开，对皮渣再进行压榨，榨出的汁液与发酵液混合一起进行后发酵，时间约一周之内，当残糖降至0.2%以下即为发酵终点。

（3）倒缸、调酒、澄清

① 倒缸、调酒。后发酵结束后，倒缸3次，将上层清酒液转入消毒后的缸（池）中，下层的沉淀进行蒸馏回收酒精。每次倒缸后测定酒度，用脱臭的食用酒精将酒度调至17%～18%。

② 澄清。采用冷、热或下胶等处理方法，使酒液澄清。

（4）调配、装瓶　按成品质量要求配料，每种材料的加入量按酒的等级计算。调好后储存1～3个月，过滤、装瓶、出厂。

（二）桑葚甜酒

1. 原料

桑葚、白砂糖、脱臭酒精、柠檬酸等。

2. 工艺流程

桑葚、白砂糖、脱臭酒精装瓶→密封→光晒→阴凉→倒出酒精→重新密封→光晒→阴凉→放置→过滤→密封→储存→成品

3. 操作要领

（1）浸泡　将白砂糖、桑葚、脱臭酒精一同放入玻璃瓶内，封严防止空气进入。将玻璃瓶置于阳光下晒至糖全部溶解。

（2）再浸泡　将瓶子放在阴暗处1～2h，打开瓶盖，倒入其余的酒精，再封严置于阳光下晒一整天，然后把瓶子移至阴凉处放置一个月，每天将瓶子摇动2～3次。

（3）过滤、储存　一个月后，把初酒过滤至深色玻璃瓶内，用木塞塞紧，并用蜡封严，再储存一个月后，便可饮用。

三十二、白果酒的酿造技术与实例

(一) 发酵白果酒

将白果洗干净、脱壳、粉碎，按重量适当加入谷糠，混合均匀后装入甑内蒸熟。然后取出散开冷却，待温度下降后加入 4%的酒母，再装入发酵池，密封发酵，温度保持在 30℃以下。待发酵完毕，便可对发酵液进行蒸馏。按要求标准进行勾兑，调好酒度、糖度、酸度。装瓶出售。

(二) 浸泡白果酒

除去白果仁膜质内种皮与杂质，按每千克 50 度的白酒中放入白果仁 30～40g 的比例，将选好的白果仁浸泡于白酒中，密封 1 年。然后去除沉淀物，按要求进行勾兑后即为成品，装瓶，可上市。

(三) 银杏大枣保健露酒

1. 工艺流程

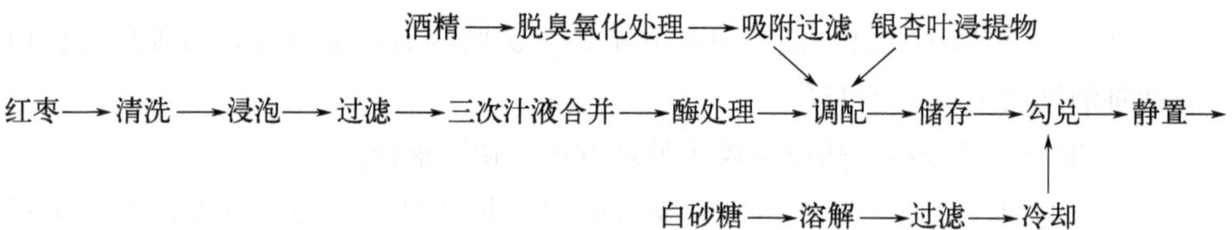

过滤→装瓶→杀菌→成品

2. 操作要领

(1) 原料的选择与预处理

① 红枣。选择色泽纯正、含糖量高、含水量<25%的优质红枣，剔除色浅、成熟度差、霉烂、虫蛀的枣。用清水充分冲洗，去除枣表面的污物。

② 酒精脱臭。称取酒精量 0.004%的高锰酸钾溶解于适量的水中。搅拌均匀后，分三次缓慢加入准备脱臭的酒精中，边加边搅拌，使酒精内所含的醛、高级醇等杂质氧化。再加入 0.3%的颗粒状活性炭，充分搅拌，使之充分吸附杂质，并静置 20～30h，然后通过 200mm 厚的活性炭柱子过滤。

③ 白砂糖。按比例将水倒入夹层锅加热至 75～85℃，再倒入白砂糖溶解，然后补足蒸发掉的水分，用绒布过滤，去除杂质，冷却至 50℃。

(2) 浸提枣汁　用 90℃的热水浸泡大枣，第一次浸泡加水量为枣量的 5 倍，当浸汁的可溶性固形物达到 8%时可过滤进行第二次浸提。第二次、第三次浸提时因枣已吸足水，加水量以淹过大枣为宜。浸提时间各为 1h 左右。因枣的种类和皮的厚度不同时间长短有别。

（3）酶处理　将每次浸提的枣汁混合一起，过滤去除残渣，然后将过滤后的汁液升温至 50℃，加入相当于枣汁量 0.1%的果胶酶，保持 50℃时间为 2h，并不断搅拌枣汁，使果胶水解。

（4）调配和储存　将用果胶酶处理后的枣汁降温至室温，添加脱臭酒精吸附过滤澄清，然后加入适量银杏叶浸提物进行调配，在≤20℃条件下储存 3 个月。该枣酒液为原酒液。

（5）勾兑　按配方向原酒液中加入糖浆和溶化好的柠檬酸，充分混匀，再静置 5～10 天。

（6）装瓶　将静置过的原酒液进行过滤，装瓶，再在 70℃下杀菌 20min。

（7）贴标　待温度冷却至 30℃时，擦干瓶后贴标。

三十三、核桃酒的酿造技术与实例

（一）工艺流程

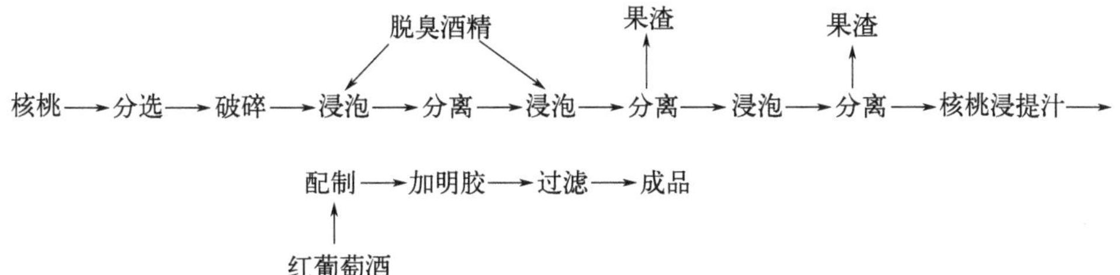

香料⟶分选⟶粉碎⟶浸泡⟶分离⟶过滤⟶香料浸提液

（二）操作要领

1. 原料选择与预处理

（1）选用普通核桃、铁核桃，果实完整、干净，无虫蛀、霉变，去除杂质。果仁呈浅黄至琥珀色，含仁量在 55%以上，用水清洗核桃。

选用原红葡萄酒、香料、二级以上食用酒精、白砂糖、柠檬酸、白明胶为原料。

用特制破碎机破碎核桃，要求果实破而不碎，然后浸泡于 2 倍核桃量的 75%脱臭酒精中，浸泡一个月后，分离出汁液。在余渣内加入 2 倍于核桃量的 75%脱臭食用酒精，进行第二次浸泡，浸泡一个月后，分离汁液。将余渣浸泡于与核桃量等同的软水中 10 天。浸泡期间，每三天翻池一次。三次浸泡液混合一起用。分离出的果渣进行蒸馏，蒸馏液可用来调配酒度。

（2）红葡萄酒按正常酿造工艺进行。

（3）香料浸泡液　将覆盆子等药料粉碎，置于 75%的酒精中浸泡一个月，分离过滤即可。

2. 配制澄清

将红葡萄酒与核桃浸泡液按比例混合，加入其他辅料。用软水将明胶洗净后，放在 10 倍的软水中浸泡 12h，倒去浸泡水，再加入 10 倍软水，用热水浴保持 50～55℃进行化胶，待胶全部溶化后，加入 10 倍于明胶液的酒进行稀释，再加入酒中，搅拌均匀即可。

3. 离子交换与调香

用 732 号阳离子交换树脂，按处理优质红葡萄酒的工艺方法进行。离子交换处理之后，灌装精滤前加入香料。

三十四、沙棘酒的酿造技术与实例

(一) 工艺流程

SO$_2$　糖水、酵母

↓　　↓

选择沙棘→破碎→沙棘果浆→前发酵→后发酵→澄清→调配→过滤→包装→成品

(二) 操作要领

1. 原料选择与处理

选择充分成熟的、新鲜的沙棘果实，去除霉烂变质部分，去除果梗，用破碎机将果实破碎，注意种子不能破碎以免影响酒质。将自流汁与压榨汁分开入池，入池量为容器的 4/5，然后一次性加入 SO_2 50mg/L。

2. 前发酵

接种人工酵母，充分搅拌均匀，若糖度低可加入 10%的糖液，以利于发酵，温度控制在 18～23℃，时间约两周。

3. 后发酵

将前发酵原酒分离后入池，容器内留有 1/10 的空间进行后发酵，温度控制在 23℃左右。发酵中止后换池，将容器装满以防止氧化，池口封严，陈酿 6 个月至 1 年以上。

4. 澄清

一般下胶量为 0.015%，加入 SO_2 80mg/L，在冬季低温条件下自然冷冻 7～15 天即可。

5. 调配

先将上层酒泵入其他容器（因这层酒含沙棘油，可用高速分离机提油），然后按要求进行酒的调配，检测理化指标合格后，用硅藻土过滤机串棉饼过滤即为成品酒，最后检验合格后装瓶、贴标，包装入库。

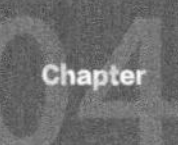

三十五、青梅酒的酿造技术与实例

（一）原料

青梅、乌梅、小曲酒、菊花、丁香、蜂蜜、小曲白酒等。

（二）工艺流程

青梅→清洗→浸泡→基酒→处理
乌梅→清洗→浸泡→乌梅酒→处理
菊花、丁香等→浸泡→菊花料酒
蜂蜜→处理
（以上合并）→配制→沉淀→粗滤→装瓶→检验→成品

（三）操作要领

1. 青梅酒基制备

选择新鲜青梅洗净，称量倒入陶坛，按 3∶1 的酒果比加入 60 度的小曲酒进行浸泡，60 天后取上清液即为青梅酒。

2. 制备乌梅酒

将乌梅洗净倒入空坛，按 10∶1 的酒果比加入 50 度的小曲酒浸泡，30 天后取上清液为第一次浸泡液；再按 10∶1 的酒果比加入 50 度小曲酒，30 天后取上清液为第二次浸泡液，将两次液混合即为乌梅酒。

3. 制备菊花料酒

将一定量 50 度小曲酒倒入两个空坛中，按适当比例称取菊花、丁香、豆蔻，经粉碎后装入纱布袋内，扎好袋口放入一坛中，浸泡 30 天后提出布袋置于另一坛中，浸泡 30 天，将两次浸泡液混合即为菊花料酒。

4. 配制、沉淀、过滤、成品

将青梅基酒进行降低酒度处理并添加各种香料，然后加入一定量的乌梅酒，混合均匀后加 3%的专用炭处理 24h，吸取上清液再按比例配加菊花料酒，达到需要的酒度，口味纯正，酯酸合格后，添加一定比例的蜂蜜及蛋白糖，泵入不锈钢罐内进行储存，自然沉淀一个月后，用硅藻土过滤机粗滤，经化验测定糖酸比例合格后，自然沉淀 3 个月，再用板式过滤机精滤一遍，装瓶、贴标。

三十六、树莓酒的酿造技术与实例

（一）原料

红莓、黑莓、酵母、亚硫酸、柠檬酸或酒石酸、碳酸钙、砂糖。

（二）工艺流程

树莓选择→破碎→成分调整→前发酵→分离→后发酵→分离→陈酿→澄清→调整→澄清→灌装→杀菌

（三）操作要领

1. 原料选择与处理

选择成熟度适宜、无虫病、无霉烂、新鲜的树莓果实，用清水冲洗干净置于破碎机中破碎成浆，使每一果粒都被破碎且注意不与铁、铜等金属接触。于65℃下浸提30min，压汁酿酒。

2. 成分调整

树莓汁液的酸度一般为17.2g/L，可调至6～8g/L，也可不调直接发酵。汁液内含糖为5%～6%，用果汁溶解砂糖将糖度调至22%，不能用水溶解。为保证酵母的营养要对氮进行调整，加入0.05%～0.1%的磷酸铵或硫酸铵。

3. 前发酵

将调好的汁液内加入20g/L亚硫酸，接种经活化的干酵母0.1～0.25g/L，进行酒精发酵，温度控制在25～30℃，发酵中注意把糟帽压入汁液中，当糟帽下沉，并有酒的香味，糖度为5%时，表明酒精发酵结束，时间约5～6天，打开排出口让酒液流出进行后发酵。

4. 后发酵

后发酵时温度控制在18～20℃，隔离空气，每天测定2～3次品温、酒度。当残糖降至0.5%以下时，后发酵结束，进行分离。

5. 陈酿、澄清

将酒液在自然条件下存放一定时间，使酒母、蛋白质、矿物质沉淀，增加芳香。并采用明胶-单宁法进行澄清。

6. 调整

为使酒味更加醇和，对酒度、糖度、酸度进行调整，若酒度不足，用高度果酒、蒸馏酒调整。用砂糖和柠檬酸分别调整糖度和酸度。

7. 澄清

将调好的酒液进行过滤，并放置一定时间，然后在60～70℃下灭菌10～15min。

三十七、越橘酒的酿造技术与实例

（一）工艺流程

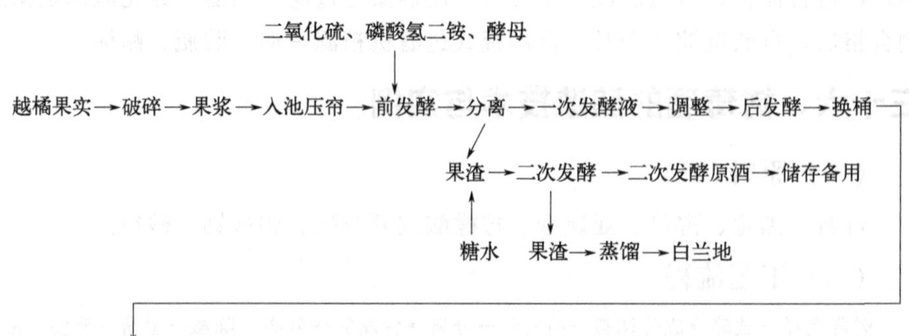

（二）操作要领

1. 原料选择与处理

严格选择原料，去除霉烂果、青红粒、叶片，以酿造优质酒。原料入厂后，要及时加工处理，放置最长不超过 3 天。不能及时加工的原料，一定储放于低温室或凉棚内，不能淋雨或日晒。运输原料的桶一定事先清洗干净。原料破碎后分两次入池，当装入一半时，接种 10%的人工培养酵母。

2. 前发酵

按 1∶1 的比例加入糖水，加入 20mg/L 的 SO_2 和 20mg/L 的硫酸氢二铵营养剂，3 天后进行分离。发酵时将品温控制在 20～25℃范围内，时间 6～10 天。

3. 后发酵

加入 5%白糖，将品温控制在 20～25℃，时间 30～35 天，每 48h 检查一次发酵情况并做好记录。当酒度达到 10%，酸度达 1%～2.5%，挥发酸＜0.08%，单宁为 0.02%～0.17%，残糖≤0.5%，铁在 15～25mg/L 以下时，后发酵结束。

4. 换桶、陈酿、配酒、装瓶、杀菌至成品

同其他酒的操作。

三十八、红豆酒的酿造技术与实例

（一）工艺流程

参照越橘酒。

（二）操作要领

1. 原料选择与处理

原料要求、处理、分选同越橘酒。

2. 前发酵

红豆果浆入池，只达容器的 3/5，接种健壮的人工酵母，加入原料量 0.01%的碳酸氢二铵和 20mg/L 的二氧化硫。将温度控制在 18～22℃，时间 7～10 天。发酵两天开始倒汁，争取 10min 之内倒完。

3. 后发酵

按要求的酒度补充白砂糖并加入 0.01%～0.015%的磷酸氢二铵。温度控制在 20～25℃，时间 5～10 天。当酒度达 8 度，残糖＜1.0%，挥发酸＜0.08%，总酸在 1.9%～2.1%，单宁为 0.14%～0.19%，铁＜10mg/L 时，后发酵结束。

三十九、木瓜酒的酿造技术与实例

（一）木瓜酒

1. 原料选择与处理

选择成熟度达 90%、新鲜、无腐烂的果实，然后砸开果实取汁。

2. 前发酵

加 14%的白砂糖于木瓜液内，并接种人工培养的原果酵母 5%～7%。搅拌均匀进行酒精发酵，温度控制在 20～25℃，时间 5～7 天。

3. 后发酵

将上述发酵液进行汁渣分离，余渣进行发酵蒸馏，清液继续发酵。待残糖降至 1%以下时，后发酵结束。

4. 调配

用白砂糖、柠檬酸进行成分调整。

5. 陈酿、澄清、调配

将调配好的酒液陈酿两个月后，与其他类型酒按比例调配，再储放一个月，进行澄清，过滤，并将其酒度、糖度、酸度调至标准要求。再陈酿 6 个月以上。

6. 澄清、装瓶、灭菌入库

陈酿期满的酒液澄清后装瓶，于 65～70℃下灭菌 15min，自然冷却，包装入库。

（二）木瓜荞麦酒

1. 原料

荞麦米、白砂糖、SY 葡萄酒果酒专用酵母、光皮木瓜、芦丁标准品（纯度>98%）、高温淀粉酶（50000U/g）、糖化酶（50000U/g）、果胶酶（30000U/g）、无水乙醇、亚硝酸钠、氯化铝、氢氧化钠。

2. 工艺流程

木瓜选果→去皮、去籽、切块→打浆→果胶酶处理→灭酶

↓

荞麦→清洗、浸泡→打浆→液化、糖化→混合均匀（加入灭酶的木瓜浆）、调整成分→主发酵→转罐和后发酵→过滤、澄清、离心→调配→装瓶灭菌

3. 操作要领

（1）木瓜酶解液制备　新鲜木瓜去皮、去籽、切块，加 2 倍质量的饮用水混合匀浆。向其中添加 1%果胶酶，50℃酶解 1h，95℃灭酶 10～30s，待用。

（2）荞麦糖化液制备　荞麦米洗净，沥干，加 4 倍质量的饮用水于室温浸泡 12h，粉碎打浆。将荞麦浆加热至 60℃，糊化 30min；再添加 0.5%高温淀粉酶，95℃液化 45min；荞麦液化液降温至 60℃，添加 6%糖化酶糖化 2～3h，至糖度达到要求停止糖化。

（3）调配　将荞麦糖化液与木瓜酶解液按一定比例混匀，调节初始糖度和 pH。

（4）主发酵　发酵液加入一定量活化的果酒酵母（5%蔗糖水中 30℃活化

20min）和焦亚硫酸钾（125mg/kg），混匀装瓶发酵，控温密闭发酵14天。

（5）后熟　主发酵结束后将发酵上清液转移到无菌容器，15℃静置至糖度降至1°Bx以下。

（6）澄清与分离：发酵液过滤，滤液加1.4%的皂土，静置12h。酒液过滤，滤液转移到洁净容器，得木瓜荞麦发酵原酒液。

四十、石榴酒的酿造技术与实例

（一）石榴酒

1. 工艺流程

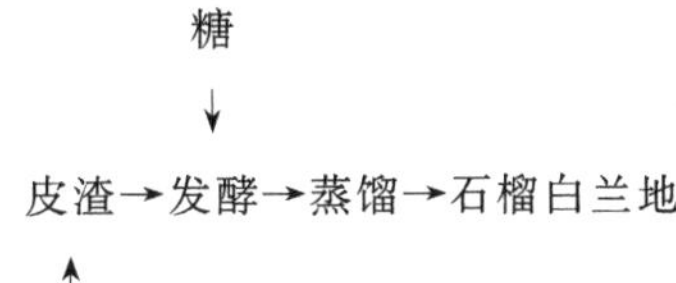

挑选石榴→去皮→破碎→果浆→前发酵→分离→后发酵→储存→过滤→调配→热处理→冷冻→过滤→储存→过滤→装瓶、贴标、入库

2. 操作要领

（1）原料选择与处理　选择新鲜、个大、皮薄、味甜的石榴果实为原料。去掉外皮后破碎成浆。转入发酵池，留有1/5的空间。

（2）前发酵　加入一定量的白砂糖、适量的二氧化硫。接种5%～8%的人工酵母，搅拌均匀，进行前发酵，温度控制在25～30℃，时间8～10天，然后分离，进行后发酵。

（3）后发酵、陈酿　前发酵分离的原酒，含糖量在0.5%以下，用酒精封好液面进行后发酵、陈酿，时间一年以上。分离的皮渣加入适量的白砂糖进行二次发酵，然后蒸馏得到白兰地，待调酒用。

（4）过滤、调配　对储存一年后的酒进行过滤，分析酒度、糖度、酸度，然后按标准调酒，合乎要求后进行热处理。

（5）热处理　将调好的酒升温至55℃，维持48h，而后冷却下胶，静置7天，再过滤。

（6）冷冻、过滤、储存、过滤、装瓶、杀菌、入库　为增加酒的稳定性，再对过滤的酒进行冷冻处理，再过滤储存，然后再过滤装瓶。在70～72℃下维持20min杀菌，最后贴标入库。

（二）石榴甜酒

1. 原料

石榴、香菜籽、芙蓉花瓣、柠檬皮、白砂糖、脱臭酒精等。

2. 工艺流程

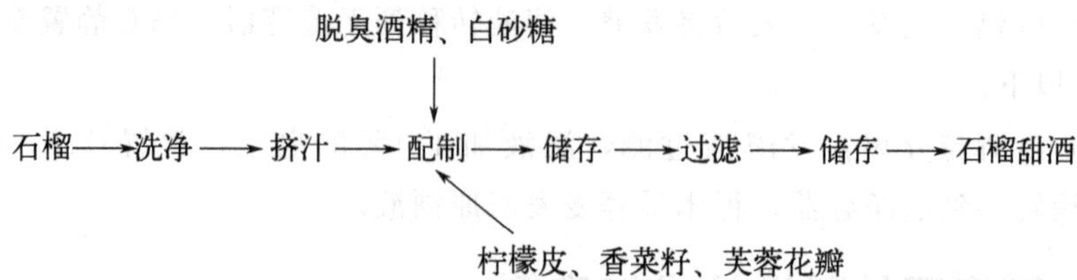

3. 操作要领

（1）原料选择与处理　选择个大、皮薄、味甜、新鲜、无霉斑的青粉皮石榴果实作原料为好，出汁率可达30%～40%。将石榴用清水洗净，挤汁。

（2）配制　将石榴汁与其他原料一起放入玻璃瓶内，盖严，防止空气进入，放置一个月。此期间经常摇晃瓶子，使原料调和均匀。

（3）过滤　一个月后，将初酒滤入深色玻璃瓶内，塞紧木塞，用蜡或胶封严，5个月后可开瓶，经调制即可饮用。

四十一、芒果酒的酿造技术与实例

（一）芒果发酵蜜酒

1. 原料

鲜芒果、糯米、纯米酒、多菌株甜酒曲等。

2. 操作要领

（1）原料选择与处理　选择新鲜、无虫蛀、无霉变的成熟芒果，用清水清洗干净，除去污染物，然后破碎、去核，将皮肉搅成浆。

选择无虫蛀、无霉变的糯米10kg，洗净，在25～30℃的温水中浸泡8～16h，中间搅拌2～3次。冲洗、沥干后蒸煮（常压下）30～40min，或高压0.12MPa，蒸汽蒸煮15～20min。要求糯米无生心，外硬内软，疏松不黏，熟透而不烂，均匀一致。出锅后用冷开水淋洗，冷却至室温（25～30℃）入缸，加入芒果浆1.7kg，搅拌均匀，为酒酿。

（2）发酵　按原料的0.2%加入多菌株甜酒曲，搅拌均匀，温度控制在28～30℃，静置发酵36～48h即可。酒液深黄透亮，口味香浓，甘甜微酸，无馊果异味，糟物上浮，无其他微生物污染；糖度4.40g/100mL，酒度3.6度。

（3）泡酿提取　以干原料计算，按料酒比1∶1.5加入50度（20℃）原酿纯米酒15kg，划块不搅拌，以免影响过滤。于28～30℃下泡酿8～10天，糟物上浮，期间轻轻搅动2～3次。

（4）酒液分离　将上层溶液用白布过滤，余糟用压榨过滤，将两种液合并。残渣可用以制醋或做饲料。

(5) 澄清 将上述酒液静置5～10天使之沉淀澄清。然后用虹吸法吸取上清液，下层液和沉淀可用离心分离或抽滤法过滤，将两液合并，再次进行澄清，过滤后即得到金黄色透亮的低度芒果米酒。

(6) 杀菌 在80℃下杀菌5～10min，再进行澄清过滤。

(二) 芒果汁泡蜜酒

1. 制备芒果汁

先制备芒果浆，方法同芒果发酵蜜酒，然后按芒果浆与酒之比为1∶9的比例加入50度（20℃）原酿米酒中密封浸泡，温度控制在25～30℃，时间6～7天，中间搅拌3～4次，即为芒果汁。芒果汁呈鲜黄色，具浓郁芒果香，味微甘甜，醇味较重，酒度45度（20℃）。

2. 制备酒酿

方法同芒果发酵蜜酒，只是不加芒果浆。成熟酒酿的色泽黄色透亮，醇酯香浓，蜜甜微酸，无馊果异味，糟物上浮，无其他微生物污染，糖度45.0g/100mL，酒度3.0度。

3. 泡酿提取

用芒果汁而不用纯米酒泡酿，其他比例与方法和芒果发酵蜜酒相同。以后的操作方法均同芒果发酵蜜酒。

四十二、香蕉酒的酿造技术与实例

(一) 香蕉蜂蜜酒

1. 原料

香蕉、蜂蜜、菌种、白砂糖、食用酒精等。

2. 工艺流程

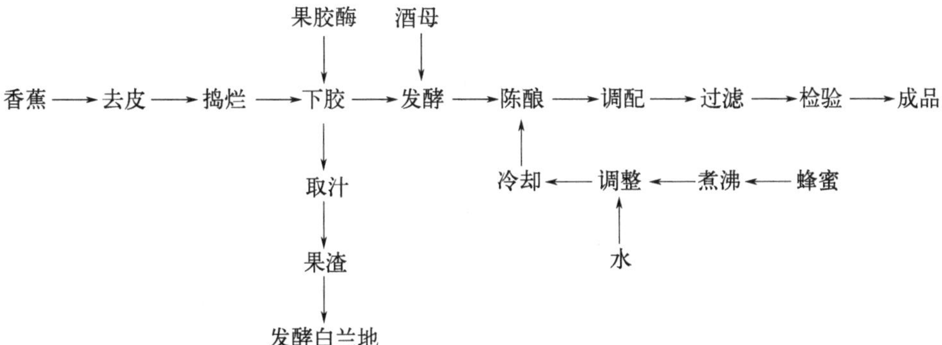

3. 操作要领

(1) 原料选择与处理

① 制备果胶酶液。取SuTe304黑曲霉菌株，接种于麦芽糖培养基上。2天

后再接入麦麸培养基中，培养成熟后，加入经过消毒的45℃热水，用量为菌的4倍，于40℃下浸提2h后，压榨过滤即得果胶酶液。

② 香蕉取汁。选择新鲜成熟的香蕉去皮、捣烂。加入1/2果肉质量的水和100mg/L的亚硫酸，充分搅拌均匀后，加入1%的果胶酶液。在45℃下保持3h，榨取果汁，果渣发酵制白兰地。

③ 培养酵母。将SuTe201＋SuTe202菌株分别接种于麦芽汁培养基上，经2天扩大培养至三级果汁培养基中，48～50h后即可接种应用。

④ 蜂蜜调整。将蜂蜜煮沸加水稀释后用柠檬酸调整，使糖度为25%、酸度为0.5%～0.6%。

(2) 发酵　将香蕉汁和蜂蜜按1∶1的比例混合均匀，装入发酵容器中，当发酵液的温度降至28～30℃时，接种果酒酵母培养液，接种量为5%，24h内开始发酵，温度控制在25～28℃，4～5天后前发酵结束，进入后发酵。于室温下一个月左右，后发酵终止。果肉、杂质等沉淀至容器底部，进行虹吸分离。

(3) 陈酿　将发酵液过滤、转缸、密封、陈酿3个月以上，若有制冷设备，可在0～5℃下冷却2～3天，使酒液澄清度更好。

(4) 配制　按设计要求，向陈酿后的原酒中加入糖浆、酒石酸、食用酒精、甘油，调整糖度、酸度、酒度，使酒体的色、香、味达到设计要求，再在低温下静置3天。

(5) 灌装　将配制好的香蕉蜂蜜酒过滤，灌装，进行巴氏杀菌。

(二) 香蕉米酒

1. 原料

香蕉、香米、甜酒曲、复合果胶酶（50000U/g）。

2. 工艺流程

香蕉→剥皮→称量→预处理→打浆→冷却→酶解
↓
糯米、香米→浸泡→沥干→蒸饭→淋饭→摊凉→按比例混合→拌入甜酒曲（加入酶解香蕉浆）→加蔗糖→发酵→滤酒→成品

3. 操作要领

(1) 香蕉的选取　选用的香蕉必须为完全成熟的香蕉，成熟完全的香蕉糖含量为16.5%～19.5%，淀粉含量为1%～3%。

(2) 香蕉预处理　香蕉剥皮后用100℃沸水热烫处理5min，将热烫后的香蕉果肉与水按照1∶2（kg/L）的比例打浆。

(3) 添加果胶酶　香蕉打浆后需要冷却至浆液中心温度低于50℃，加入0.5%的果胶酶，酶解3h。

(4) 香米和糯米预处理　糯米和香米均在水中浸泡24h，使米中淀粉吸水至

手捏无硬心，蒸饭至米饭疏松不糊、熟而不烂。用无菌水淋饭，越快越好。

（5）拌曲和糖化　将蒸熟的糯米饭和香米饭按各组试验质量配比混合后，摊凉至30～35℃拌曲，搅拌均匀后压实，在中间挖大小适中的倒喇叭状空洞以保证适当的溶解氧量。

（6）混合　待米饭糖化2h后再加入不同比例的香蕉汁，混合后再加适量蔗糖搅拌均匀，糖度保持在6%～10%。

（7）发酵　使用750mL玻璃罐发酵，在28℃下密闭式发酵，每天搅拌一次。密封采用两层纱布内夹一层脱脂棉的方法，既防止直接接触空气，又可保持通气。

四十三、桃酒的酿造技术与实例

（一）工艺流程

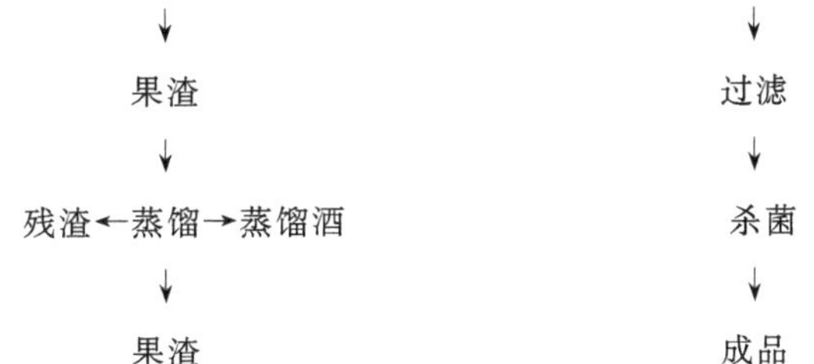

（二）操作要领

1. 原料的选择与预处理

（1）原料选择　选择品质优良、成熟度适宜的新鲜桃果，去除病虫果、烂果。将其用清水洗干净并沥水。

（2）去核　先去除桃核，然后破碎成适宜大小的块。注意破碎不能太细，以免影响酒的澄清，也不能太粗，因为块太大时，不利于酶解和发酵。为防止褐变，在破碎的浆液中需加入适量的SO_2，加入量一般为100～250mg/L。

（3）酶解糖化　桃果实中含有较多的果胶物质，为便于压榨、发酵和澄清，要添加适量的果胶酶，使果胶水解。再加入适量的糖化酶，使桃中的淀粉糖化，以使发酵完全、彻底。

2. 酒精发酵

接种适量的果酒酵母531，于20～25℃下进行酒精发酵，时间5天，当酒度达11%以上、残糖降至0.5%以下时，发酵结束。

3. 分离、压榨

酒精发酵结束后要及时对酒醪进行酒渣分离，分离的渣进行蒸馏制得白兰地。将原酒泵入储酒罐。

4. 澄清、过滤

桃酒澄清比较困难，用传统的明胶和单宁法，效果不太理想，需要添加食用琼脂并结合短时间的热处理，澄清效果较好。然后进行过滤。

5. 杀菌至成品

用巴氏杀菌法对酒液进行灭菌，灌装即为成品。

四十四、果露酒的酿造技术与实例

（一）味美思

1. 原料选择

白葡萄酒 10～11 度 90L，脱臭除杂质的 85 度酒精 9L。

2. 中药材

大茴香 350g、苦橘皮 350g、苦黄栎木 15g、大黄 25g、白术 125g、花椒根 60g、威灵仙 125g、小车菊 150g、香草精 0.25g，将这些药材先放在酒精中浸泡后再使用。

3. 药材处理

将上述药材分别研碎，装入布袋内，吊入酒池中，每隔 6 天取出袋挤压一次汁液，再吊入池中浸泡，经 30 多天，最后用压榨器挤压至干。将余渣去掉。

4. 勾兑、储存

品尝味道，加糖勾兑，使含糖量达到 15°Bx。储存 6 个月后精滤，装瓶出厂。也可根据中药材的性质，分别浸泡，然后再混合勾兑，使具有其风味。最后按 100L 白葡萄酒中加这种香料浸出汁 15～20L 的比例勾兑。

（二）欧李果露酒

1. 原料

新鲜欧李果果实、乙醇体积分数为 70%的清香型白酒、福林酚、偏重亚硫酸钠、氢氧化钠、柠檬酸、没食子酸、碳酸钠、复盐降酸剂。

2. 工艺流程

欧李果实分选→除梗、去核→无菌蒸馏水调整基酒酒度→浸提→澄清处理→调配（降酸剂/白砂糖）→装罐储存

3. 操作要领

对新鲜欧李果实进行除梗、去核处理，将基酒（乙醇体积分数为 70%的清香型白酒）用蒸馏水调配成所需酒精度，然后将基酒与欧李果以一定体积比混合

浸提。浸提完成后进行澄清处理，并测定酒样总酸和总糖，进行相应的调酸和调糖处理（利用商业化的复盐降酸剂和白砂糖进行酸度和糖度调整，将总糖控制在100g/L左右），2～3个月后取样进行指标测定。

四十五、白兰地的酿造技术与实例

（一）工艺流程

除梗(↑) 皮渣(↑) SO_2(↓) 白砂糖(↓) 人工酵母(↓) 红葡萄酒(↓)

葡萄分选→破碎→果浆→白葡萄汁→澄清→调整→前发酵→换桶→陈酿→蒸馏→储藏→调配→白兰地

（二）操作要领

1. 原料选择与处理

选择成熟度好的果实，去除青粒、霉烂部分，糖度为13.6%。按白葡萄酒或红葡萄酒工艺酿制葡萄酒为白兰地原料酒，发酵时不加SO_2。

2. 蒸馏

蒸馏设备有三种：白兰地蒸馏塔；白兰地蒸发锅；壶式蒸发锅。以铜质蒸馏设备效果较好。

3. 储藏

将白兰地注入橡木桶储放3～5年以上，时间越长，质量越好，等级越高。

四十六、火龙果酒的酿造技术与实例

（一）原料

火龙果、酵母、果胶酶、蔗糖。

（二）工艺流程

火龙果→清洗去皮→破碎→榨汁澄清→调配→前发酵→后发酵→澄清→陈酿→装瓶→杀菌→成品

（三）操作要领

1. 原料选择与处理

选择成熟度好、无病虫的新鲜火龙果，用清水清洗干净，去除果皮，破碎后，先加入60μL/L的果胶酶，于30℃下处理8h榨汁，再加入50μL/L的果胶酶于30℃下处理4h，使汁液澄清。该果汁的含糖量为10%，然后用蔗糖将含糖量调至17%。

2. 酒精发酵

将调好的汁液转入发酵池进行酒精发酵，温度控制在 30～35℃，以 33℃最适宜。发酵 7 天，酒度达 7%～8%。然后进行杀菌，用硅藻土过滤。

3. 陈酿

在低温下将过滤后的酒液陈酿 1～3 个月。

四十七、枇杷-贡梨复合果酒的酿造技术与实例

（一）原料

枇杷、贡梨、纤维素酶（80000U/g）、果胶酶（80000U/g）、焦亚硫酸钾、柠檬酸、果酒酵母、甲醇、乙醇、维生素 C、盐酸、氢氧化钠、葡萄糖、次甲基蓝、酒石酸钾钠、硫酸铜、硫酸、酚酞。

（二）操作要领

1. 预处理

挑选无机械破损、成熟的新鲜长虹枇杷果实，洗净，在 95℃的沸水中热烫 20～30s 后放入冷水冷却，去除果皮、果核、白膜，将果肉放入含有 0.05%维生素 C 和 0.15%柠檬酸的护色液中浸泡 10min，取出放入榨汁机中破碎打浆；选择无虫害、成熟适度的贡梨，洗净，去除果皮和果核，切成小块，放入护色液中浸泡 10min，取出放入榨汁机中，加入 0.1%的维生素 C 破碎打浆。

2. 酶解

将枇杷汁和贡梨汁按一定比例混合，按 0.1g/L 的用量分别加入纤维素酶和果胶酶，50℃恒温水浴搅拌 3h，酶解后迅速加热至 90℃灭酶 5min，冷却备用。

3. 调配

添加适量焦亚硫酸钾，用白砂糖调节果汁糖度，用柠檬酸调节果汁的 pH。

4. 酵母活化

称取 1g 活性干酵母于烧杯中，再加入 10mL 2%的葡萄糖溶液，在 37℃条件下活化 30～40min。

5. 过滤、澄清

发酵结束后，用过滤袋分离果酒和果渣，即得枇杷-贡梨复合果酒。

四十八、蓝莓酒的酿造技术与实例

1. 原料

蓝莓、果胶酶、浓盐酸、磷酸盐缓冲液、无水乙醇、氯化钾、乙酸钠、氢氧化钠、碳酸钙、焦亚硫酸钠、酚酞。

2. 工艺流程

蓝莓果实→破碎打浆→热浸渍→过滤果渣→果胶酶酶解→再次过滤果渣→灭酶→离心→澄清蓝莓汁→成分调整→主发酵→后发酵

3. 操作要领

(1) 原汁制作　将果粒反复用榨汁机榨汁，提高出汁率。

(2) 酶解　果胶酶添加量 0.25%，水浴温度 45℃，水解时间 2.5h。

(3) 成分调整　添加蔗糖调整原汁初始糖度。

(4) 菌种活化　菌种为购买的安琪葡萄酒酿酒酵母，按比例加入无菌水，37℃下活化 30min。

(5) 发酵　主发酵：28℃发酵 8 天；后发酵：20℃发酵 20 天。

第二节　果品的制醋技术与实例

一、山楂的制醋技术与实例

(一) 原料

新鲜山楂、酿酒酵母、醋酸菌、果胶酶等。

(二) 工艺流程

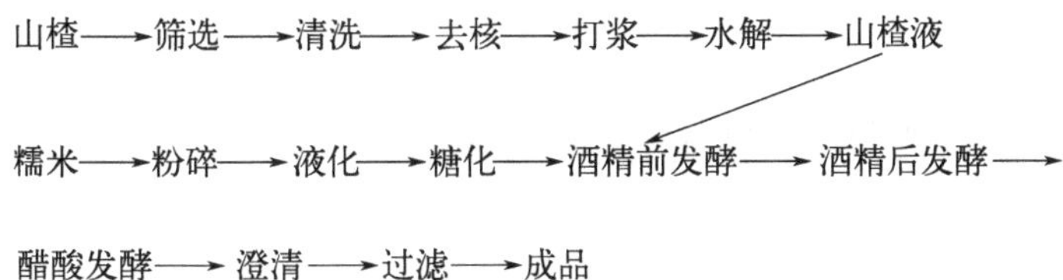

(三) 操作要领

1. 山楂液的制备

山楂洗净、去核，按山楂与水为 1∶1 的比例加水，并按 5U/g 山楂的比例加入果胶酶，然后用湿式粉碎机粉碎成浆，于温度 40℃下水解 4h，过滤即得到山楂液。

2. 酒精发酵

糯米粉碎后加水和高温淀粉酶，进行连续蒸煮，降至 60℃后加入糖化酶进行糖化 30min，降至 30℃再加入酿酒活性干酵母进行酒精发酵，3 天后加入山楂液进行酒精后发酵，直至发酵醪还原糖含量不再下降为止，一般酒精发酵时间为 6 天。

3. 醋酸发酵

调节酒精发酵醪的浓度，加入醋酸菌进行醋酸发酵，注意控制发酵温度不得超过40℃，必要时可搅拌，直至醋酸含量不再上升为止，过滤即得山楂醋，一般醋酸发酵时间为9天。

4. 澄清

添加果胶酶对山楂醋进行澄清。

二、葡萄酒渣的制醋技术与实例

（一）工艺流程

葡萄酒渣→加糖水→酒精发酵→醋酸发酵→澄清→勾兑→过滤→成品

（二）操作要领

1. 原料选择与处理

（1）原料　葡萄酒生产中的皮渣及下脚料等均可选作原料利用。

（2）加糖水　配制20°Bx糖水加于皮渣上，准备进行酒精发酵。同时把加工时的废糖水、果汁等配料一起利用。

2. 酒精发酵与醋酸发酵

（1）酒精发酵　于20～30℃温度下完成酒精发酵。

（2）醋酸发酵　利用酒精液中的天然醋酸菌很快引起醋酸发酵。该发酵必须开口进行，给予充足的氧气使醋酸菌旺盛繁殖。

3. 勾兑成品

在原醋中加水调整酸度，加色和加盐调好色、味便为成品，使葡萄果醋醇香甜润，酸度适宜。

三、葡萄糯米香醋的酿造技术与实例

（一）原料

赤霞珠葡萄（糖度为25%）、糯米、黄酒高活性干酵母、葡萄酒高活性干酵母、醋酸菌、白砂糖、耐高温α-淀粉酶（4000U/g）、糖化酶（10×10^4U/g）、果胶酶（500U/mg）、葡萄糖、酵母膏、蛋白胨、无水乙醇、氯化钠、乙酸乙酯、氢氧化钠、乙酸。

（二）工艺流程

葡萄→分选→清洗→破碎→打浆→酶解→葡萄浆液

↓

糯米→加水→蒸煮糊化→液化→糖化→降温→混合调配→酒精发酵→酒醪→醋酸发酵→过滤→蒸煮→葡萄糯米香醋

（三）操作要领

1. 葡萄浆液的制备

挑选无霉烂的葡萄，去梗、清洗，以榨汁机破碎、打浆，加入0.5%的果胶

酶，40℃保温酶解 2h，得到葡萄浆液。

2. 糯米糖化醪的制备

以糯米与水 1∶4 的质量比加饮用水，加热至 100℃，常压蒸煮 20min 后，90～95℃保温，加入 0.05%耐高温 α-淀粉酶，保温 15min 后降温至 65℃，加入 0.2%糖化酶，62～65℃保温 4h 后，得到糯米糖化醪，迅速降温至 40℃。

3. 混合调配

根据葡萄与糯米的质量比，计算葡萄浆液和糯米糖化醪的混合比例为 2∶5，搅拌均匀，用饮用水或白砂糖调整糖度为 18%。

4. 酒精发酵

取葡萄质量 0.2%的葡萄酒高活性干酵母，葡萄酒高活性干酵母与 2%的葡萄糖水按 1∶5 的质量比混合均匀，在 37℃的水浴锅中活化 20min，活化好的葡萄酒高活性干酵母加入到调配好的糖化液中，30℃保温发酵 51h，至酒精度不再上升，酒精发酵结束，陈酿 48h，得到酒醪。

5. 醋酸发酵

取甘油管保藏的醋酸菌 100 μL，涂布到醋酸菌活化培养基上，培养 20h 后，取接种环挑取 1 个菌落，接入醋酸菌种子培养基中，三角瓶装液量为 50mL、250mL，转速 120r/min、30℃培养 17h 获得醋酸菌种子液。对酒醪进行过滤除去果皮和米渣，加蒸煮 5min 后的葡萄汁和饮用水调整酒精度。按 5%的接种量加入醋酸菌种子液，三角瓶装液量为 100mL、500mL，120r/min、30℃发酵 72h，至总酸不再升高，醋酸发酵结束。四层纱布过滤，蒸煮 15min，即得葡萄糯米香醋。

四、枣醋的酿造技术与实例

（一）工艺流程

进料→清洗→浸泡→破碎→酒精发酵→醋酸发酵→勾兑→成品

（二）操作要领

1. 原料选择与处理

选择成熟度好、新鲜的枣果。将霉烂、变质、不合格的枣剔除，再用清水洗干净，浸泡 24h，然后粉碎成块。

2. 酒精发酵与醋酸发酵

（1）酒精发酵　在料块中加入 10%的大曲和相当于料重 5 倍的水以及 5%～10%的酵母，搅拌均匀后入缸，装料至缸容积的 4/5，以防止发酵时汁液溢出，造成浪费及环境污染。用塑料布封严缸口，7 天后发酵基本结束。

（2）醋酸发酵　在太阳下晒发酵醪，温度保持在 35℃，进行醋酸发酵。经过 3 个月时间可完成醋酸发酵。

3. 勾兑成品

(1) 勾兑　同上述山楂果醋一样进行调色、调酸和加盐调味。

(2) 成品　新枣醋为淡黄色。若在醋液中加入花椒液并储放一年，则味道又香又酸。

五、大枣熏醋的酿造技术与实例

大枣熏醋是由高粱和烘烤后的大枣发酵而成，具有特有的枣香和多种功效，可供烹调、佐餐用。

(一) 原料

大枣、高粱、麸皮、发酵剂等。

(二) 工艺流程

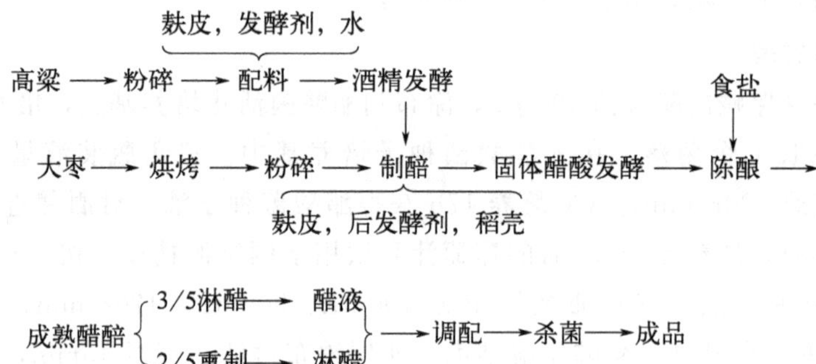

成熟醋醅 { 3/5淋醋 → 醋液 ; 2/5熏制 → 淋醋 } → 调配 → 杀菌 → 成品

(三) 操作要领

1. 原料选择与处理

大枣选择新鲜、无霉烂、无虫蛀的枣果，洗净后于 90℃下烘烤 20min，并将其粉碎；高粱选择新鲜、籽粒饱满、无霉烂的为原料，粉碎后过 40 目筛，80%为细粉、20%为粗粉有利于发酵。大枣用量为高粱的 6%。

2. 配料

将高粱（kg）、麸皮（kg）、水（L）按 1∶1∶5 的比例充分混合。

3. 酒精发酵

将发酵剂活化，按干酵母剂占主粮 0.3%的比例接种，进行酒精发酵，温度控制在 28～32℃，时间约 6～7 天，当酒度达 4%～5%、酸度为 1.5%～2.5%时，发酵结束。

4. 制醅

将粉碎的大枣原料、稻壳、麸皮按 1∶25∶36 的比例（质量比）加入至发酵醪中拌匀。

5. 醋酸发酵

接种 0.05%的发酵剂（占主粮的比例）进行醋酸发酵。前期温度控制在 38～40℃，时间 7～8 天；中期温度控制在 42～44℃，时间 4～5 天；后期温度控制在 36～38℃，时间 8～9 天。当酸度达 6.0%～7.0%时，发酵结束。

6. 陈酿

加入相当于主料 9%的盐，拌匀，踩实，隔一定时间翻醅，陈酿 10～15 天备用。

7. 熏制

取成熟醋醅的 2/5 进行熏制（其余 3/5 进行淋醋），在 80～90℃高温下熏制 6～7 天，至醋醅变为红褐色。

8. 调配

加入丁香、大茴香、陈皮、花椒、芝麻、桂皮等调味液适量。

9. 杀菌

将调好的醋液在 80～90℃下灭菌 30min，即为成品。

六、柿子醋的酿造技术与实例

（一）原料

柿子、活性干酵母、“玉园”牌活性醋酸菌、白砂糖、果胶酶、氢氧化钠、邻苯二甲酸氢钠。

（二）工艺流程

挑选原料→清洗→脱涩→打浆→酶解（加入果胶酶）→调糖度→灭菌→酒精发酵（加入活化酵母菌）→醋酸发酵（加入扩培醋酸菌）→离心→灌装→杀菌→成品

（三）操作要点

1. 原料选取及清洗

选取成熟的柿子，剔除腐烂和虫害部分，去萼片，用自来水清洗干净。

2. 脱涩、打浆、酶解

在 42℃的温水中浸泡 24h，沥干水分放入水果破碎机中破碎，破碎度 3～7mm，然后加纯净水打成柿浆。将柿浆装罐，装罐量为 30%。加入果胶酶在 45～50℃条件下酶解 2h。

3. 调糖度、灭菌

用白砂糖调柿浆糖度至 14%，然后在 85℃灭菌 15min。

4. 酒精发酵

将活性干酵母置于 1%～2%的少量灭菌糖水中，在 30℃条件下活化 30min，直至液面剧烈翻泡，再将酵母接入调整好糖度的柿浆中，搅拌均匀，加盖密封，在 28℃条件下发酵 7 天左右。待酒精度达到 8%（体积分数），酒精发酵结束。

5. 醋酸发酵

取适量酒精发酵后的柿浆于灭菌的小烧杯中，加入醋酸菌在 32℃条件下复活 24h，经扩培再接入酒精发酵后的柿浆，放在 30℃的振荡培养箱中进行发酵。每天振荡 3 次，速度 170r/min，每次 30min。直到连续 2 天酸度不再上升时醋酸发酵结束。

6. 离心

用大容量低速离心机进行离心，转速 4500r/min，时间 10min，得到澄清的柿子醋。

7. 灌装、灭菌

灌装，于 121℃灭菌 15min，检测，得成品。

七、木瓜醋的酿造技术与实例

（一）炖煮型木瓜醋

1. 原料

木瓜果、花椒、八角、食盐适量、水。

2. 工艺流程

选木瓜果→清洗、切片、去子→煮制→去渣→过滤→成品

3. 操作要领

选择新鲜的木瓜果实清洗干净，切片、去子，而后将木瓜片放入瓦缸中，加水至淹没木瓜片，加入适量花椒、八角、盐等辅料，用微火慢慢熬煮，至木瓜片基本熔化，滤去残渣后即为成品。

（二）盐水浸泡型木瓜醋

1. 原料

木瓜果、3%的 NaCl 溶液。

2. 工艺流程

木瓜果→清洗、盐水浸泡→煮制→过滤→成品

3. 操作要领

选择新鲜的木瓜果实，清洗干净并沥干水，放入干净、经消毒的坛、罐或其他容器内。然后注入浓度适宜的食盐冷开水溶液，密封，经一个月左右即可食用。

（三）液态发酵酿制木瓜醋

1. 原料

木瓜 110kg、蔗糖 120kg、2%食盐水、醋酸菌母液（为木瓜原汁量的 1/3）、

0.08%苯甲酸钠。

2. 工艺流程

木瓜鲜果→清洗→切片、去子→糖渍→过滤→稀释→酒精发酵→醋酸发酵→陈酿→调配→过滤→杀菌→装瓶→检验→成品

3. 操作要领

（1）选择木瓜果　选择充分成熟、无病虫、无霉烂变质的木瓜果实为原料。清洗果实表面的灰尘、杂质。

（2）切片、糖渍　将果实切成1cm左右厚的薄片，剔除果心和种子。按蔗糖与木瓜为1～1.2∶1的比例，一层木瓜片一层糖，置于瓷器、搪瓷皿或浸渍池内，密封防止香气逸出，糖渍6～10天。

（3）过滤、稀释　用纱布将木瓜片与其浸出物过滤分离，可得到加糖木瓜原汁，分离后的木瓜片经加工后可以制成果脯、果酱等加工品。将加糖木瓜原汁按1∶4的重量比加入冷开水，配成含可溶性固形物为16%左右的稀木瓜原汁。

（4）酒精发酵　将稀木瓜原汁注入发酵池内至其容量的4/5，留有1/5的空间，以防止发酵液溢出池外。在发酵期间要经常检查发酵液内糖、酸及酒精的含量。池口要密闭，以减少酒精挥发。温度控制在25℃左右，经40天即可完成酒精发酵，酒精度约达7%。

（5）醋酸发酵　加入相当于发酵后木瓜原汁量1/3的醋酸菌母液，进行醋酸发酵。温度控制在30～35℃为宜，注意避光。发酵前期每日搅拌一次，目的在于增加发酵液内的氧气含量，满足醋酸菌对氧气的需求。约经20天，总酸含量稳定，不再升高。酒精含量微小，醋酸发酵完成，即为木瓜醋。

（6）陈酿、调配、过滤、杀菌　将木瓜醋注入另外的容器中，密闭，陈酿2～3个月。然后将2%的食盐、0.08%的苯甲酸钠加入经过陈酿的木瓜醋内，按标准调整好酸度及其他指标。为确保醋液清澈透明，要进行过滤，滤除果醋中的沉淀物。为延长醋的保质期，利用瞬时杀菌机进行杀菌，杀菌温度90℃，时间为15min。也可将果醋煮沸杀菌后，趁热装瓶。

（7）装瓶检验　将经过杀菌的醋装瓶，密封，进行随机抽样检验，合格后即为成品。

八、猕猴桃醋的酿造技术与实例

（一）原料

猕猴桃汁、酵母液（8%～10%）、黑曲霉（5%）、醋酸菌（5%）。

（二）工艺流程

猕猴桃→清洗、粉碎、蒸煮、糖化→榨汁→酒精发酵→醋酸发酵→过滤、高温杀菌、装瓶→成品

（三）操作要领

1. 清洗、粉碎、蒸煮、糖化、榨汁

将选好的无霉烂变质的猕猴桃落地果、残次果放入水池内清洗干净，除去泥沙杂质等污物，并沥干水。将沥干的净果装入双滚筒轧碎机内进行粉碎，粉碎后的果料与汁一同放入蒸锅，蒸煮 1h 左右，为使蒸煮均匀，在蒸煮过程中，将果料上下翻动几次。当蒸熟的果料温度降低至 60～65℃时，即加入黑曲霉制成的麸曲，加入量相当于果料总量的 5%，搅拌均匀后，一同放入糖化罐内，将品温控制在 60～65℃，进行糖化，糖化时间 2h 左右。然后将糖化后的果料，送入压榨机中压榨取汁，去除果渣。

2. 酒精发酵

将榨出果汁的糖度调整为 7%左右，并使其温度降至 30～35℃，将相当于果汁量 8%～10%的酵母液接种于果汁中，密封，温度保持在 30～35℃进行酒精发酵，需 6 天时间完成。

3. 醋酸发酵

将 5%左右的醋酸菌液接种于酒精发酵完毕后的发酵液内，混合均匀，并将混合发酵液转入自吸式机械搅拌通风发酵罐内，品温保持在 30℃左右，进行醋酸氧化发酵。当测定其酸度＞3.5%时，即可终止发酵，这一过程需要 27～30 天。

4. 过滤、高温杀菌、装瓶

醋酸发酵终止后，即将发酵液注入流线式过滤机中过滤，再将滤液在 85℃下保持 25min 进行高温杀菌。趁热装瓶密封，贴上标签即为成品猕猴桃醋。

九、猕猴桃果渣的制醋技术与实例

（一）原料

猕猴桃鲜果渣、玉米粉、麸皮、稻壳、食盐、发酵剂、醋酸菌。

（二）工艺流程

麸皮（↓润水）　水（↓蒸料）　混合发酵剂（↓酒精发酵）　果渣、稻壳、醋酸菌（↓醋酸发酵）

玉米→润水→蒸料→制醅、糖化→酒精发酵→醋酸发酵→陈酿→淋醋→灭菌→灌装→成品

（三）操作要领

1. 原料选择与处理

新鲜玉米粉碎后过 70 目筛，与新鲜麸皮按 2∶1 的比例充分混合，加入同重量的水，润料 0.5h；然后蒸料 1h，再焖料 0.5h，使之糊化。

2. 制醅、糖化

向糊化的料中加入同量的水，使之冷却至 40～50℃。

3. 酒精发酵

接种 0.3%的发酵剂，充分拌匀后入缸进行酒精发酵，温度控制在 30～35℃，时间 6～9 天，当含糖量降至 2%左右、酒精含量达 5%～8%时，酒精发酵结束。

4. 醋酸发酵

将与玉米粉等量的果渣、适量的稻壳和水充分混合，使醅料含水量达 60%～65%，接种 0.1%的醋酸菌于醅料表面，控制品温在 35～45℃，及时翻醅，每天测醋酸含量，发酵 10～12 天后，品温下降且不再上升，醋酸含量达 5.5%左右且不再增加，表明醋酸发酵结束。

5. 陈酿后熟

加入 3%～5%的食盐并压实，防止醋酸被分解为 CO_2 和 H_2O。

6. 淋醋、灭菌、灌装

经 10～15 天后熟即加入与醅料同重量的水，浸泡 6～8h，进行淋醋；然后将醋汁加热至 90℃，保持 10min 进行灭菌；将灭菌的醋液灌装入灭菌的容器内，并贴标即为成品。

十、黑加仑果醋的酿造技术与实例

（一）原料

黑加仑汁、醋酸菌、酵母、食用酒精等。

（二）工艺流程

黑加仑果→破碎→45%酒精浸泡→陈储→稀释减压蒸馏→果汁→发酵→勾兑→过滤→包装→成品

（三）操作要领

1. 酵母培养

称取葡萄糖 100g、酵母 10g、碳酸钙 20g、琼脂 15g，取蒸馏水 1000mL，将 pH 调至 6.8，于常压下灭菌 30min。放置斜面，将碳酸钙搓匀。接种 As.141 菌株，于 30℃下培养 72～96h。三角瓶培养，即取上述液体培养液（未加琼脂）100mL 注入 500mL 三角瓶中，常压蒸汽灭菌 30min，在无菌操作下加入 3.5mL 95%的乙醇，再接种菌株，于 30℃条件下振荡培养 24h。

2. 醋酸发酵

利用果汁分次添加，连续发酵工艺。先倒入相当于发酵缸总体积 20%量的发酵果汁，接种一级种子培养液，温度控制在 30～39℃，通过灭菌空气培养 48h（代替二级培养），再补足发酵汁。将温度升至 34～37℃，并加大通气量，使酸度达 8.0%以上，氨基酸>0.1%，还原糖>2%。

十一、刺梨醋的酿造技术与实例

（一）原料

玉米、麸皮、花生壳、刺梨渣、糖化酶（50000U/g）、酵母、水、食盐。

（二）工艺流程

糖化酶　酵母(酵母)

玉米 ⟶ 粉碎 ⟶ 麸皮混入 ⟶ 润水 ⟶ 蒸煮 ⟶ 入池 ⟶ 拌料 ⟶ 酒精发酵 ⟶ 拌醅 ⟶ 醋酸发酵 ⟶ 加盐 ⟶ 陈酿 ⟶ 淋醋 ⟶ 灭菌 ⟶ 成分调整 ⟶ 包装 ⟶ 成品

（三）操作要领

1. 原料选择与处理

用新鲜的干玉米为原料，粉碎至粗麸皮大小。将 300kg 玉米粉与 150kg 麸皮混匀，加水 450kg 拌匀进行润水。在常压下蒸 1h，焖 0.5h。然后将熟料出锅入池，加水 900kg，搅拌均匀使之冷却至 55℃，加入糖化酶。

2. 酒精发酵

待温度降至 35～40℃时接种活化的酵母，将品温保持在 35～40℃、时间 3 天，酒精发酵结束。

3. 醋酸发酵

将原料按比例拌好醅，用塑料布焖严，利用自然醋酸菌进行醋酸发酵，24h 左右温度升至 40℃时进行第一次翻醅，以后视料温上升情况及时翻醅，12 天左右，料温至 35℃不再升高且酸度达 6～8g/100g 以上，醋酸发酵结束。

4. 加盐后熟

加 30kg 食盐拌匀，后熟 2～3 天。

5. 陈酿

翻醅后踩实醋醅，料面封盐，防止过度氧化和品温回升造成烧醅。陈酿 15 天左右即可。

6. 淋醋、杀菌、调配

淋醋后于 60～80℃下 20min 进行巴氏杀菌，并适当调色，加入 0.05%的苯甲酸钠防腐，即为成品。

十二、梨醋的酿造技术与实例

（一）工艺流程

梨果实→清洗→破碎榨汁→过滤→成分调整→杀菌→酒精发酵→醋酸发酵→过滤→配兑→杀菌→包装→成品

（二）操作要领

1. 原料选择与处理

选择新鲜、无病虫、成熟度适宜的果实，用清水洗净，用破碎机破碎去除种子，打浆，为防止梨汁氧化，并抑制有害微生物生长，加入100～150mg/L的$NaHSO_4$液，混合均匀。再加入相当于果汁量1.2%的果胶酶，混合均匀，于45～50℃下放置2～3h；然后过滤，调糖至10%～12%，煮沸灭菌15min，冷却至30℃。

2. 酒精发酵

接种活化酵母，浓度为100mg/kg（酵母干重），搅拌均匀，密闭发酵，温度控制在30℃，经2～3天，残糖降至1%时发酵结束，将酒度调至8度。

3. 醋酸发酵

将上述发酵酒液转入发酵罐，接种10%的醋酸菌，并定时向罐底通气，发酵初期温度控制在30～35℃，充气量为1∶0.2（体积比），发酵旺盛期温度控制在35～40℃，充气量为1∶0.4（体积比），发酵后期温度控制在34～35℃，充气量为1∶0.2（体积比）。注意防止醋酸过度氧化，发酵时间2～3天，当酸度不再上升即停止发酵。

4. 过滤、调味、灭菌

用板式过滤机过滤，调酸度至5%～6%，加调味料调整风味，用片式灭菌机于95℃下灭菌5min，装瓶或袋。

若制成饮料，则将酸度调至1.5%～2%，加入一定量蜂蜜调整糖酸比，并加入梨味香精调香。灭菌后为保健型果醋饮料。

十三、树莓果醋的酿造技术与实例

（一）原料

树莓、白砂糖、活性干酵母、活性干醋酸菌。

（二）工艺流程

树莓果实→清洗→榨汁→成分调整→酒精发酵→醋酸发酵→陈酿→澄清→过滤→灭菌→成品

(三) 操作要领

1. 原料选择与处理

选择无病虫、新鲜、充分成熟的树莓果实，用清水冲洗干净，沥水后投入榨汁机榨汁。

2. 成分调整

按产品预期达到的酸度和每千克糖可产出 0.667kg 醋酸的比例计算出加糖量调整糖度，将糖度调至 0.8～1.2g/100mL、pH 调至 3.5 左右。

3. 酒精发酵

将调好糖度与酸度的树莓汁转入发酵罐内，留有 1/5 的空间，同时接种活化的酵母，接种量为 5%，进行酒精发酵，每天搅拌 2～3 次，把酒帽压入发酵液中。温度控制在 35℃左右，经 7 天左右，品温下降，浮渣下沉，酒精发酵结束。进行倒缸，除去酒脚等沉淀物。

4. 醋酸发酵

接种醋酸菌于发酵液中，搅拌均匀后进行醋酸发酵，并经常搅拌，以供给氧气，并使之均匀发酵，当酸度不再上升，酒度趋于零时，醋酸发酵终止，进行淋醋。

5. 陈酿、澄清

将生醋倒入储料罐内，加入 1%～2%的食盐和少量花椒，进行陈酿提高风味，时间 1～2 个月或半年。然后下胶进行过滤，即为成品醋。

6. 灌装、杀菌

将过滤后的醋液装入瓶中于 80℃下杀菌。

十四、梅醋的酿造技术与实例

(一) 工艺流程

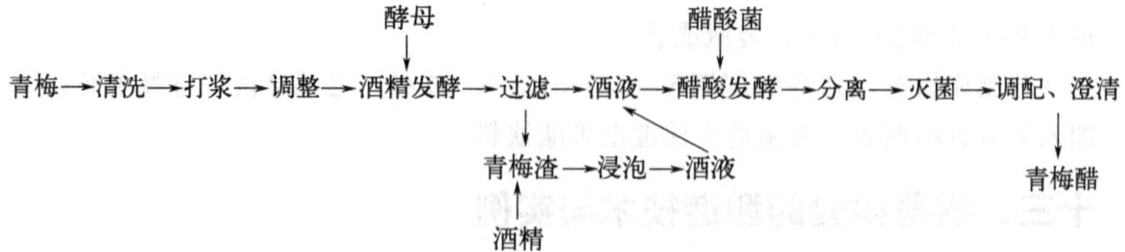

(二) 操作要领

1. 原料选择与处理

选择新鲜无霉烂的青梅果实，去除杂质，清洗干净，去核，用组织捣碎机将果肉粉碎成浆，然后用碳酸钙和 20%的糖水调糖度至 18%、pH 为 3.7。

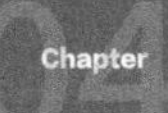

2. 酒精发酵

接种酵母菌为原料的9%，搅拌均匀后进行酒精发酵，温度控制在25℃，待残糖降至1.5%以下时，发酵结束。将汁渣分离，分离出的青梅渣在20%的脱臭酒精中浸泡30天，再将分离的浸泡酒与发酵酒混合后进行醋酸发酵。

3. 醋酸发酵

将混合酒液的酒度调至7%，接种经驯化的醋酸菌10%，搅拌均匀后，进行醋酸发酵，温度控制在35℃左右，用摇床不断地供给氧气，待测定酸度不再增加时，发酵结束。

4. 分离、灭菌、调配、澄清

将上述发酵液进行汁渣分离，对分离汁液进行灭菌，调配至需要的酸度、糖度，并澄清即为梅醋。

十五、罗汉果醋的酿造技术与实例

（一）原料

罗汉果、梅卤（梅干腌制废液）、蜂蜜等。

（二）工艺流程

蜂蜜
↓
罗汉果→破碎→浸提→过滤→罗汉果汁 ⎫
梅卤→浓缩→结晶→晶液分离→梅醋 ⎭ →调配→过滤→杀菌→装瓶→贴标→成品

（三）操作要领

1. 原料选择与处理

（1）浸提罗汉果汁　选择新鲜、无霉变的干罗汉果为原料，将其粉碎成颗粒状，加入15倍的蒸馏水，升温至95℃，浸泡20min。将浸提液用滤布过滤，得到浸提液①。滤渣内加入10倍的蒸馏水，于95℃下再浸泡20min，过滤后得浸提液②。将浸提液①和②合并，用板框过滤机通过滤纸进行过滤，得到罗汉果汁。

（2）梅醋制备　将梅卤于0.092MPa真空度、70℃水溶液中进行真空浓缩，至其有白色盐析出为止，浓缩停止。取出降至室温，让其结晶。过滤分离得梅卤。如此重复3次，可得约3倍浓度的梅卤，即梅醋。

2. 调配

将罗汉果汁、梅醋、蜂蜜按适当比例调配，可得罗汉果醋。调配比例以10∶3∶3.75为佳，即10mL罗汉果汁加3mL梅醋、3.75mL蜂蜜配制成的醋风味好。

3. 过滤、杀菌、灌装、成品

将调配好的罗汉果醋先过滤，于 95℃下进行 1min 巴氏杀菌后，立即热灌装并封口，冷却至室温，检验合格后贴标即为成品。

十六、桑葚醋的酿造技术与实例

(一) 原料

桑葚、糯米、酵母、醋酸菌、果胶酶、淀粉酶、明胶、硅溶胶等。

(二) 工艺流程

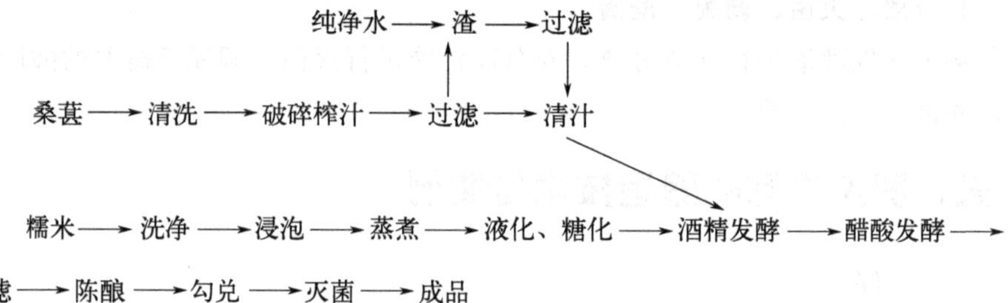

过滤 → 陈酿 → 勾兑 → 灭菌 → 成品

(三) 操作要领

1. 原料选择与处理

(1) 制备桑葚清汁　选择成熟度适宜、无病虫、无霉烂的果实，用清水冲洗干净，沥水后榨汁。用 120 目网过滤得一次液。滤渣放入不锈钢锅内，加 2 倍水，煮沸 10min，用 120 目网过滤得二次液。将其与一次液合并，待用。

桑葚果实中含有酚类物质，为防止氧化应将汁液进行加热以钝化酶的活性，先加热至 95℃，然后快速降温至 50～55℃脱胶。于 55℃下加入果胶酶 0.35g/L，搅拌 15min，再加入淀粉酶 0.14g/L，搅拌 2h，再加入硅溶胶溶液 0.18g/L，搅拌 15min。然后静置 3h，吸取上清液，用 300 目网过滤得清汁。

(2) 制备糯米醪　选择优质糯米，清洗干净后浸泡 1h。然后破碎，煮饭进行液化、糖化获得糖化醪。

2. 酒精发酵

将清桑葚汁与糯米醪按 2∶1 的比例充分混合，用蔗糖将糖度调至 16°Bx，接种 5%酵母液，于 25℃下发酵 72h，酒度可达 6%。

3. 醋酸发酵

将酒醪接种 6%的醋酸菌，于 33～35℃下进行醋酸发酵，至醋酸浓度不再升高为止。

4. 过滤、陈酿、勾兑、灭菌至成品

将上述酒醪过滤后陈酿一定时间，按要求标准勾兑，再经巴氏杀菌即为成品桑葚醋。

十七、樱桃果醋的酿造技术与实例

（一）原料

樱桃、白砂糖、果胶酶、果酒酵母、醋酸菌、氢氧化钠、盐酸、乙酸、柠檬酸、苹果酸、D-乳酸、琥珀酸、甘油等。

（二）工艺流程

新鲜樱桃→拣选→清洗→除梗→去核→打浆→酶解→加糖→接种酵母菌→发酵→去渣→接种醋酸菌→发酵→调配→澄清→成品

（三）操作要领

选择成熟度良好、颜色深的新鲜樱桃，去除其中的坏果、腐烂果和其他杂物，清洗并手工摘除樱桃的果梗，再去掉樱桃核。称取处理好的樱桃 1kg 加入料理机，直接将樱桃果进行破碎、打浆；将打浆好的樱桃加热到 50℃，加入一定量果胶酶，保温并保持搅拌 2h；酶解好的樱桃浆，加入 200g 白砂糖溶解后，加入 0.3g 焦亚硫酸钠，搅拌均匀，接种 0.8g 果酒酵母，于 24℃条件下静置发酵 8 天，发酵结束后使用离心机以 4000r/min 离心 10min，得到上层清液；经检测，酒精度为 12.51%vol（体积分数），还原糖含量为 9.7g/L。然后接种醋酸菌进行醋酸发酵，最终调配、澄清得到成品。

十八、蓝莓果醋的酿造技术与实例

（一）原料

蓝莓酒［酒精 8.2%（体积分数），pH 4.26］、沪酿 1.01 醋酸菌、葡萄糖、酵母膏、琼脂、碳酸钙、氢氧化钠等。

（二）工艺流程

蓝莓→挑选清洗→手工破碎→调整 pH→巴氏灭菌→酒精发酵→过滤→醋酸发酵→生醋→^{60}Co-γ 辐照陈酿处理→澄清→灭菌。

（三）操作要领

按比例加入无菌水调整成不同酒精度、不同 pH 值的蓝莓酒后，巴氏灭菌温度为 75℃，维持 15min，进行灭菌处理，将体积分数 20%的蓝莓酒装入 250mL 锥形瓶中，按体积分数 15%的接种量接入醋酸菌活化液，用纱布封口，在转速 180r/min、温度为 30℃条件下进行醋酸发酵，时间 5 天，利用^{60}Co-γ 辐照剂量为 1000Gy，且以 3～4Gy/min 的剂量率进行辐射，辐射后陈酿 15 天，用膜过滤设备进行澄清处理后，在 121℃条件下进行超高温瞬时灭菌 30s。

十九、波罗蜜果醋的酿造技术与实例

（一）工艺流程

波罗蜜→切碎→榨汁→酶解→调节糖度→巴氏灭菌→酒精发酵→过滤→醋酸发酵→过滤→巴氏灭菌→成品

（二）操作要领

1. 波罗蜜发酵液预处理

选取新鲜波罗蜜果肉，清洗干净后切碎，在护色剂（0.01%抗坏血酸、0.8%柠檬酸）中浸泡 20min，取出果肉，按 1∶1.5（质量与体积之比）加入蒸馏水打浆，根据波罗蜜果浆体积加入 0.5g/L 的固体果胶酶，在 30℃下酶解 3h。酶解后的波罗蜜果浆用蔗糖调节糖度至 17g/100mL，65℃巴氏灭菌 30min。

2. 酵母菌活化

将 10g 安琪活性干酵母溶于 100mL 浓度为 5%的葡萄糖溶液中，在 30℃下连续搅拌活化 30min，直至溶液产生小气泡为止。

3. 酒精发酵

将活化后的酵母菌按 7%（体积比）接种于处理好的波罗蜜果浆中，于 25℃发酵 6 天后结束酒精发酵，得到波罗蜜果酒，其乙醇体积分数为 6.8%。

4. 醋酸菌活化与扩培

将斜面保藏菌株取一环接入 100mL 活化培养基中，30℃、120r/min 振荡培养 48h，完成醋酸菌活化。将活化后的醋酸菌取 1mL 接种于 100mL 发酵培养基中，30℃、120r/min 振荡培养 48h。然后，将一级扩大培养的醋酸菌取 1mL 接种于 100mL 已灭菌的波罗蜜果酒中，30℃、120r/min 振荡培养 48h。

5. 醋酸发酵

将二级扩大培养的醋酸菌接种于波罗蜜果酒中，120r/min 振荡培养 8 天直至醋酸含量不再上升，结束醋酸发酵。

二十、香蕉醋的酿造技术与实例

（一）工艺流程

香蕉→去皮、切块→打浆、护色→果胶酶处理→过滤→离心→香蕉汁→调配→澄清→杀菌→冷却→成品

（二）操作要领

1. 打浆、护色

打浆时加入香蕉果肉质量0.5%的抗坏血酸进行护色，以香蕉与纯水的料液比1∶1.5［质量（g）与体积（mL）之比］添加纯水进行混合打浆，打浆时间为1min，称量果浆质量。

2. 酶解

添加果浆质量0.06%的果胶酶进行酶解，酶解温度为45℃，酶解时间为1.5h，水浴加热。

3. 离心

将滤液置于高速冷冻离心机中离心一定时间，取上清液作为调配的香蕉原汁。

4. 调配

取适量的香蕉原汁与香蕉原醋进行混合，加入一定量赤藓糖醇与甜菊糖苷混合液，充分搅拌使各组分混合均匀，得到香蕉醋。

5. 澄清

在产品中加入适量澄清剂，并在适宜的温度和时间下进行产品澄清。

6. 杀菌、冷却

将调配好的醋液灌装于玻璃瓶中，封盖，在90℃下灭菌15min。灭菌完毕后经自然降温至35℃以下即为成品。

二十一、桑葚-草莓复合果醋的酿造技术与实例

（一）工艺流程

桑葚、草莓→洗净→按一定比例混合→榨汁→酶解→过滤→成分调整→酒精发酵→醋酸发酵→杀菌→成品

（二）操作要领

1. 原料预处理

将草莓和桑葚洗干净，按质量比3∶2的比例混合后榨汁。

2. SO_2 的添加

为了防止果汁被杂菌污染，在果汁中加入60mg/L的SO_2。

3. 加入果胶酶

果胶酶的加入是为了分解果胶，增加草莓和桑葚的出汁率，水果破碎后按50mg/L的量加入果胶酶酶解1h。

4. 成分调整

加入白砂糖和柠檬酸，分别调节初始糖度为220g/L、初始pH为4.5，按

0.5%的加入量加入活性干酵母进行发酵。

5. 发酵

放置于 26℃的恒温培养箱中发酵 8 天。

6. 醋酸发酵

按 0.5g/L 的添加量在酒精发酵液中加入果醋菌，放置于 36℃的恒温摇床中进行醋酸发酵，发酵时间为 10 天。

第五章　蔬菜的酿酒制醋技术与实例

本章将介绍南瓜、香菇、马铃薯、芦笋、番茄、姜、竹笋、胡萝卜、龙葵、苦瓜等蔬菜的酿酒制醋技术与实例。近年来，我国的蔬菜种植面积和产量均居世界首位。品种繁多、数量丰富的蔬菜产品既满足了消费者日益增长的鲜食需求，又不断增加加工品种。以蔬菜为原料酿酒制醋可大大提高蔬菜的利用率和附加值，丰富饮料市场，前景广阔。

第一节　蔬菜的酿酒技术与实例

一、南瓜酒的酿造技术与实例

（一）工艺流程

南瓜→清洗、分选→打浆、巴氏杀菌、冷却→果胶酶处理、过滤除渣→糖化→浆汁成分调整→杀菌、冷却→发酵与陈酿→澄清、调配、精滤、灌装、杀菌→成品

（二）操作要领

1. 南瓜原料的选择与处理

（1）原料　选择成熟度适宜、含糖量高、汁液多的新鲜南瓜为原料。

（2）清洗、分选　先用0.1%～0.15%的高锰酸钾溶液对南瓜原料进行浸泡消毒，再用清水清洗干净后将瓜切开去除种子。将虫蛀、腐烂的南瓜瓤去除。

（3）打浆、巴氏杀菌　将南瓜瓤破碎打成浆状，在打浆时一定要加入亚硫酸钠溶液，因亚硫酸钠分解后产生SO_2，具有杀菌作用，能有效抑制有害微生物的生长。SO_2的浓度为10～20mg/L，在此浓度范围内不影响生产用酵母菌的繁

殖生长。南瓜浆经巴氏杀菌（70℃，10～20min）可破坏果胶，有利于果胶酶的酶解作用，而后迅速冷却至40℃。

（4）果胶酶处理、过滤除渣　南瓜含有较多的果胶物质，造成浆汁黏稠，不利于除渣。而果胶酶可水解果胶物质，降低黏度，同时可破坏细胞，使细胞内营养物质溶出，提高出汁率。果胶酶的用量为2%～3%，作用温度为34～40℃，时间需5～10h。待浆汁变稀，有沉渣下降后，即可进行过滤，除去杂质。

（5）糖化　过滤后的汁液要加入糖化酶使淀粉糖化。糖化酶的用量为每升浆汁加入120～150活力单位，温度控制在50～55℃，时间为1～1.5h。

（6）浆汁成分调整　按原浆汁中所含有的糖酸量，调整发酵浆汁的糖酸含量。

① 糖度调整。用蔗糖将浆汁的含糖量调至8%～20%，控制好发酵条件，可得到乙醇含量为10%～12%的酒基料。

② 酸度调整。适宜酵母菌生长的pH为4.0左右，南瓜含酸量很少，需再用柠檬酸调整酸度，以利于酵母的生长，同时还可以抑制有害微生物的生长，防止酸败，并改善产品的风味。

（7）杀菌、冷却　为保证酵母快速繁殖，对调整好糖度、酸度的浆汁，必须在80～90℃下杀菌15～20min，然后送入经消毒处理过的发酵罐。

2. 发酵与陈酿

（1）酒精发酵　将南瓜汁送入发酵罐后，接入5%的酵母培养液进行酒精发酵，装罐量为容量的4/5，温度控制在22～26℃范围内，不能超过30℃，经15～20h后，酵母便旺盛繁殖，CO_2大量生成，此时转入酒精生成时期，即主发酵期。经5～7天的主发酵后，物料含糖量为5～10g/L，主发酵即完成。然后将完成主发酵的南瓜新酒静置、换桶，去除酒脚残渣，并按南瓜酒品种的不同要求，加入适量的食用酒精，将酒精含量调至15%～18%（体积分数），送至贮酒罐。

（2）陈酿　新酿制的南瓜酒必须在贮酒罐内贮存一段时间，以提高酒的质量，这一过程俗称陈酿。在陈酿过程中，经过氧化还原反应和酯化反应以及聚合沉淀等物理化学作用，使芳香物质增加，不良风味物质减少，蛋白质、单宁、果胶物质沉淀析出，酒的风味得到改善。陈酿开始两周左右，温度应控制在20～24℃，以后逐渐把温度降低，控制在10～15℃。陈酿时间一般为2～3个月。

3. 澄清、调配、精滤、灌装、杀菌

（1）澄清、调配　将明胶和单宁加入陈酿后的原酒中，搅拌均匀，静置，使其中的不稳定物质进一步沉淀析出，清酒用于调酒。在成熟后的清南瓜酒中加入适量的糖浆、柠檬酸等配料，并适当调整其酒精含量、含糖量和含酸量，使南瓜酒甜酸适宜，酒香、果香调和，质量均一。

(2) 精滤、灌装、杀菌　用硅藻土将调配好的南瓜酒进行过滤，然后灌装、巴氏杀菌，即得成品。

二、香菇酒的酿造技术与实例

(一) 香菇糯米酒

1. 工艺流程

选料→清洗→切碎、蒸煮→糖化→发酵→榨酒→陈酿→勾兑→灌装

2. 操作要领

(1) 原料的选择与预处理

① 原料选择。选择优质糯米 100kg，干香菇 3kg，古田红曲 2.5kg，酒精度为 50%的烧酒和 70%的脱臭食用酒精适量。

② 清洗、切碎。将香菇洗净，切碎，放入蒸料桶内，加 30kg 清水浸渍 4h，然后向蒸料桶内通入蒸汽，加热蒸煮 2h，冷却后分离提取香菇液。将分离出的菇渣用 70%的脱臭食用酒精浸泡备用。

③ 糖化。按传统淋饭法，将糯米先浸泡，蒸饭、淋饭，然后拌曲糖化。当甜液达饭堆的 4/5 高度时，加入香菇液，搅拌均匀，继续进行糖化。

(2) 发酵、榨酒、陈酿

① 发酵。物料入缸后的 1～2 天，温度迅速上升，当听到“嘶嘶”发酵声时，加入 50%的陈年米烧酒、红曲水（红曲加水 10kg，提前 7h 浸渍备用）、香菇渣酒精，充分搅拌均匀，继续进行发酵。

② 榨酒、陈酿。按气温、品温的变化及发酵情况，发酵期内进行 3 次开耙。约经 50 天的发酵，酒醪逐渐沉缸，即可榨酒。榨出的生酒经静置、澄清，取上清液，注入已灭菌的大缸内，密封陈酿一年，然后进行勾兑、化验、灌装。

(二) 香菇蜂蜜酒

香菇蜂蜜酒为香菇和蜂蜜制成的高级滋补饮料酒。

1. 工艺流程

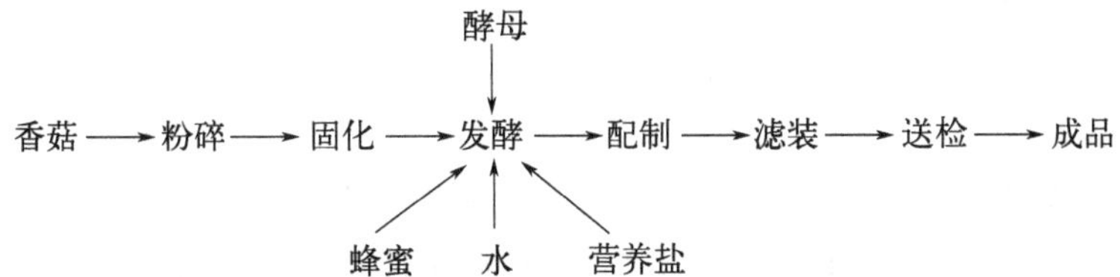

2. 操作要领

(1) 原料处理　加适量水将香菇粉碎成浆，加热至 80℃，维持 10min，将蜂蜜煮沸去除泡沫然后加水稀释，用此蜂蜜和柠檬酸等将蜜汁的糖度调为 15%、

酸度为 0.5%，体积为香菇浆的 5 倍。

（2）酵母培养　将酵母菌株接种于麦芽汁培养基中，三级扩大培养，使酒母体积为蜂蜜汁体积的 1/30。

（3）发酵　将香菇浆与蜂蜜汁充分混合注入发酵容器，留有 1/5 的空间，当发酵液温度降至 26℃时，接种酵母，24h 内发酵开始，将品温控制在 20～24℃，7 天后，主发酵结束，进入后发酵。将品温降至 20℃以下，3 周后发酵终止。进行过滤、换缸、密封，陈酿 2 个月以上。

（4）配制　按要求的糖度、酒度、酸度向陈酿的原酒中加入 50%的混合糖浆、柠檬酸、酒石酸、脱臭酒精等，使酒体的色、香、味达到设计要求。

（5）滤装、送检　将调配好的香菇蜂蜜酒澄清、过滤、装瓶，从瓶中抽样送检。

三、金针菇酒的酿造技术与实例

（一）工艺流程

原料→破碎→压榨→澄清→调整成分→前发酵→后发酵→陈酿→调配→过滤→树脂交换→杀菌→灌装→成品入库

（二）操作要领

1. 原料的选择与预处理

（1）破碎　将选好的鲜菇称重后，立即用锤式破碎机破碎，越快越好，从采菇至加工以不超过 18h 为宜。

（2）压榨　将破碎后的金针菇，用连续压榨机进行榨汁，并按 12～15g/100kg 的比例向榨汁中加 SO_2，以防止有害微生物繁殖。

（3）澄清　按 0.1～0.15g/L 的比例向汁液中加果胶酶，充分混匀后静置、澄清，一般经 24h 可得到澄清汁液。

（4）调整成分　用虹吸法将澄清液进行分离，上清液泵入不锈钢发酵罐，泵入的汁液不宜超过罐容积的 4/5，以防止发酵醪液溢出罐外造成损失。取样分析，根据要求用白砂糖调整糖度至 22～23°Bé。

2. 发酵与陈酿

（1）前发酵　将 5%～10%的人工酵母或活性干酵母接入发酵罐中，充分搅拌或用泵循环混匀，片刻后主发酵即开始，经 3～5 天便可出池转入后发酵。

（2）后发酵　采用密封式发酵，发酵液量控制在罐容积的 90%，温度调控在 15～18℃，约经一个月后发酵结束，取样测定酒精含量、残糖量。

（3）陈酿　后发酵结束后 8～10 天，皮渣、酵母、泥沙等杂质在自身重力作用下自然沉积于罐底。为将它们与原酒尽快分开，需进行第一次开放式（接触空气）倒池，补加 SO_2 至 166～200mg/L，用精制食用酒精将原酒的酒精含量调至

12%～13%，在原酒表面加一层酒精封顶。在当年的11～12月再进行第二次半开放式（少接触空气）倒池，经常检查酒池，及时添池至满池。次年的3月至4月采用密闭式（不接触空气），进行第三次倒池，此时酒液澄清透明，可在表面加一层精制酒精，进行长期储存陈酿。

3. 调配、过滤、杀菌

（1）调配　按产品质量标准精确计算出原酒、白砂糖、酒精、柠檬酸、异抗坏血酸钠等的用量，依次加入配酒罐内，充分混合均匀，取样分析化验，符合标准后进入下一道工艺。

（2）过滤　可用棉饼过滤机进行过滤，滤棉一定洗涤干净，并在70～80℃下杀菌30min，棉饼要压得厚薄一致，以免过滤时酒液短路，影响过滤效果。

（3）树脂交换　用强酸732型阳离子交换树脂进行酒液离子交换，操作时要控制好交换倍数并稳定流速，确保交换效果，提高酒液的物理稳定性。每次离子交换完毕，要用清水顶出酒液，再用清水反洗树脂，待树脂层疏松、分布均匀，则用10%的食盐水溶液再生。

（4）杀菌　在68～72℃下保持15min，用薄板式换热器进行巴氏杀菌，稳定流速，连续进行。

4. 灌装入库

将酿制好的金针菇保健酒灌装、封口、贴标、装箱，成品入库。

四、甘薯酒的酿造技术与实例

（一）甘薯白酒的酿造

1. 工艺流程

原料→清洗→切分→蒸煮→发酵→蒸馏→成品

2. 操作要领

（1）原料的选择与处理

① 原料选择。选择新鲜以及无霉烂和变质的薯块为原料。用清水冲洗干净，去除泥土与杂质，然后沥干待用。

② 切分。将干净的薯块用刨丝机切成薯丝，直径为5～10mm，或用切块机将薯块切成1cm左右的块。

③ 蒸煮。首先在甘薯块中加入20%左右的填充料（也叫疏松剂）。一般用谷壳或甘薯茎叶碎块作材料，加入量按实际情况适当增加或减少。其作用是使薯块在蒸煮时通气顺利。然后在原料底部通入蒸汽，将原料蒸透蒸熟。

④ 冷却。将蒸熟的原料冷却至24～26℃，冬天可冷却至30～32℃，冷却时尽量不使原料结块粘连。

(2) 发酵　在冷却后的原料中拌和曲种，曲种用量为原料总量的4%，分3次拌和，每次拌入量为1/3，使曲种与原料充分混合均匀。若室温高，用曲量可适当减少。将拌和好曲种的熟料置于容器中密封，但要留出一个出气孔，以及时排放发酵时产生的CO_2气体。经5～7天发酵完成。如果排气孔中已无CO_2气体排出，则表明发酵已结束。

(3) 蒸馏　为确保蒸馏时气流畅通无阻，应在发酵完成的料醅中加一些谷壳，根据实际情况确定加入量，以利于酒精和蒸汽的流通为度。然后以适当的温度对料醅进行蒸馏，利用酒精的沸点低于水的沸点的原理，将酒精和适量的水从发酵好的料醅中蒸馏出来。在蒸馏过程中，应把质量较差的头酒和尾酒分别放置，中间的酒身质量较好，可作为饮用酿制白酒，头、尾酒再进一步蒸馏制作酒精。酿制白酒，也可选用薯干作原料。

(二) 甘薯黄酒的酿造

1. 工艺流程

原料→清洗→蒸煮→发酵→榨酒→储藏→成品

2. 操作要领

(1) 原料的选择与处理

① 原料选择。选择新鲜、无霉烂变质的甘薯50kg，用清水冲洗干净，去除杂质、泥土。大曲7.5kg，花椒、茴香、竹叶、陈皮各100g。

② 蒸煮。将洗净的甘薯放置笼中蒸熟或在锅中煮熟。

③ 配料。把蒸煮熟的甘薯趁热倒入洗净并经过消毒的缸内，用木棍捣碎搅拌成泥状。然后加入用花椒、茴香、竹叶、陈皮等在22.5kg水中熬成的配料水，待物料温度降至25℃时，再将压碎的大曲粉均匀倒入缸内，用木棍充分搅拌成稀糊状。

(2) 发酵　将装好配料的缸用塑料布盖好，封严缸口，然后置于25～28℃的发酵室进行发酵，或放在火炉旁烘烤。若进行烘烤，要每隔1～3h将缸转动一次，使缸受热均匀，发酵一致，并隔1～2天搅动一次。也可在发酵前，先将1.5～2.5kg的白酒加入缸内作酒底。直到闻到浓厚的黄酒味，浆料上出现清澈的酒汁时，则表明发酵完成。这时要及时将缸搬入冷室或搬出室外，使浆料骤然冷却，温度降至0℃左右。这样酿造出的酒口感良好。若不经过这种迅速降温冷却处理，酿出的酒会带有酸味。

(3) 榨酒　先将布袋用冷水洗净，将水拧干，然后装进已发酵好的浆料，绑紧袋口，架在容器上或放在压榨机上进行挤榨，一般50kg鲜甘薯可酿造黄酒35kg左右。

(4) 沉淀储藏　将挤榨出的黄酒存放一定时间，经澄清沉淀后，即可装坛或

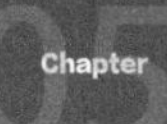

瓶，封口，储藏或售出。存放时间不宜过长，以防酸败变质。

（三）甘薯渣酒

1. 工艺流程

薯渣→清蒸→发酵→蒸馏

2. 操作要领

（1）原料选择与处理　选择新鲜、洁净、干燥的薯渣，将其粉碎成末，按100∶70的比例加入85～90℃的热水，充分搅匀成浆状。

（2）清蒸　将薯渣浆置于甑内，大汽蒸80min，将其蒸熟后，出甑，按100∶(26～28）的比例加入冷水，搅匀。

（3）发酵　按薯渣与酒曲为100∶(5～6）的比例加入酒曲，充分搅拌均匀，转入发酵池发酵，入池前温度（品温）控制在18～19℃，发酵中温度（品温）为30～32℃，发酵4天。

（4）蒸馏　发酵结束后，将料取出装入甑桶，注意装料动作要快，装得疏松、平整、不太厚。插好馏酒管，盖好甑盖，盖内倒入水。缓汽蒸馏，大汽追尾。注意控制冷却水的温度，酒头30℃，酒身≤30℃，酒尾的温度较高。此次蒸馏得到的酒为大渣酒。

（5）二次发酵、蒸馏　把料取出，摊晾冷却。加水、加曲量同上次，不配新料，入池发酵4天。操作方法及温度控制同上。这次蒸得的酒为二渣酒。

（6）三次发酵、蒸馏　整个操作完全同前两次，出料、摊晾、冷却、加水加曲，入池发酵4天，这次蒸得的酒为三渣酒。

五、马铃薯酒的酿造技术与实例

（一）工艺流程

原料→清洗→切块→蒸煮→发酵→蒸馏

（二）操作要领

1. 原料的选择与预处理

（1）原料选择　选择无霉烂变质的马铃薯为原料，用清水冲洗干净，去除泥土、杂质。用不锈钢刀切成1.5cm大小的块。

（2）蒸煮　在铁锅内加入清水，并加热至90℃左右，将切好的马铃薯块倒入水中，用木锨慢慢搅动，待马铃薯变色后，将锅内的水放出，再蒸焖15～20min后即可出锅。马铃薯块蒸煮不能过熟，以略带硬心为宜。

2. 菌种培养及发酵

（1）培养菌种　马铃薯出锅后，先进行摊晾，除去水汽、降低温度，当温度降至38℃时，加曲药搅拌，每100kg马铃薯加曲药0.5～0.6kg，分三次拌和。拌和完毕，装入箱内，上面撒一层消过毒的粗糠壳，用量为马铃薯重量的1/10。再用玉米酒糟盖面，用量为马铃薯重量的1/2。培养24h，当用手捏料时有清水渗出，即进行摊晾冷却。夏季冷却至15℃，冬季冷却至20℃，然后装入桶中。

(2) 发酵　将装桶后的物料盖上塑料薄膜，再用粗糠壳封严，踏实，进行发酵，时间为7～8天。

3. 蒸馏

将发酵成熟的醅料进行蒸馏，其中的酒精、高级醇、酸类、水分等有效成分以蒸汽状态蒸发出来，再经过冷却即可得到白酒。用这种方法酿造的马铃薯酒，酒度一般为56度左右，100kg马铃薯可出酒10～15kg，出酒率为10%～15%。马铃薯酒糟还可以作饲料。

六、猴头菇酒的酿造技术与实例

(一) 工艺流程

食用酒精稀释→高锰酸钾氧化→活性炭处理→熏蒸→稀释
猴头菇→烘干→粉碎
药材→去杂、切片→烘干
（以上三路合并）→浸渍→过滤→调配→储存→精滤→装瓶→成品

(二) 操作要领

1. 酒精脱臭处理

将食用酒精稀释至50～65度，用高锰酸钾氧化、活性炭吸附，熏蒸精制脱臭，去除头、尾，取中馏段酒作酒基，调酒度为50度，备用。

2. 猴头菇处理

将猴头菇烘干，称好重量，切碎。

3. 中药材处理

将党参、黄芪、当归、白术等药材去除杂质，切成薄片，烘干备用。

4. 浸渍

将处理好的猴头菇及药材入缸，加入9倍于猴头菇干重的50度酒基，药材为猴头菇干重的6%，密封浸渍40天，浸渍期间每日搅拌一次。

5. 过滤、调配

用纱布对浸渍液进行粗滤，调整酒度为38度，用白砂糖、柠檬酸调糖度为5%、酸度为0.1%。

6. 储存、精滤、装瓶

调配好后，放入储藏罐，封存2～3个月，后用棉饼精滤，可装瓶。

七、芦笋酒的酿造技术与实例

(一) 芦笋刺梨蜂蜜酒

1. 工艺流程

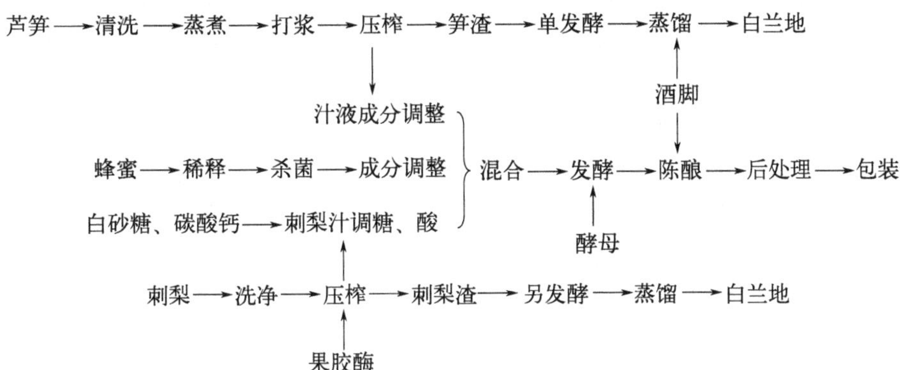

2. 操作要领

(1) 原料选择与预处理

① 芦笋的选择、清洗、蒸煮。选合格鲜芦笋为原料，去除杂质、霉烂变质的笋以及老笋，用自来水和果蔬洗涤剂将芦笋清洗干净，放置在不锈钢夹层锅内预煮 2～3min，温度控制在 91～95℃之间，以去除芦笋表面的黏液及苦味成分。然后进行蒸煮，温度为 95～100℃，时间 3～5min，使芦笋进一步软化，以便打浆。

② 芦笋的打浆、压榨、汁液调整。蒸煮后的芦笋用打浆机破碎，然后在压榨机上榨汁。添加糖使笋汁含糖量达 16%，再加入适量的苯甲酸钠，并充分搅拌均匀，待沉淀后，虹吸上清液待用，芦笋渣另外发酵蒸馏果酒。

③ 刺梨的选果、清洗、修整、沥干或风干。选择八至九成熟的新鲜刺梨果，去除过熟果、未熟果、烂果、干果。将选好的果实，用高压自来水清洗干净，去除不合格的部分，再清洗一遍，沥干或风干。

④ 刺梨果破碎、压榨、汁液调整。沥干的果实送入锤式破碎机进行破碎，在破碎时加入相当于果重 0.1%的果胶酶制剂。破碎的果浆输入压榨机进行压榨。装料适中，当果汁开始流出时，暂停加压，当汁流缓慢时再加压，如此往复多次，直至无汁液流出为止。为减少维生素 C 的损失，压榨得到的汁液要及时处理，原汁含糖一般为 8%～10%，要加白砂糖将含糖量调至 16%；同时加少量碳酸钙中和果汁中的酸，将酸度降至 0.7%左右，还需加适量苯甲酸钠，以抑制非需要微生物生长，并充分搅拌均匀，沉淀后，虹吸上清液备用。分离的果渣另外发酵，然后蒸馏为果酒。

⑤ 蜂蜜的选择与调整。选无死蜂、无杂质、无有害元素、不变质的蜂蜜。蜂蜜的糖度为70%左右，应用无菌水稀释，将糖度调为16%、酸度为0.5%，然后用不锈钢夹层锅加热0.5h，温度保持在80～85℃，待蜜汁冷却后，添加铵盐、磷酸盐以补充氮、磷等。为促进酵母的生长繁殖，添加少量的维生素。添加配料后搅拌均匀并沉淀，虹吸上清液备用，沉淀物另外发酵蒸馏白酒。

(2) 酵母培养　选择专用生产香酯的AS2.296、专门酿造果汁蜂蜜酒的AS2.346、产酒精强的AS2.399三个酵母分别接种于麦芽汁培养基中，经三级扩大培养，使各种酵母分别达到混合汁重的2%。

(3) 发酵、陈酿　将含25%芦笋汁、25%刺梨汁、5%蜂蜜汁的汁液混合搅拌均匀，泵入无菌洁净的发酵桶内，接种6%的上述三种混合酵母，发酵桶内留有1/5的空间，搅拌均匀后进行前发酵。温度控制在23～28℃范围内，时间约需10～15天。当检测发酵液的残糖≤0.5%时，表明前发酵结束，用虹吸法将上清液吸至另一干净发酵桶内，余下的酒脚、残渣另外发酵蒸馏果酒，将酒桶密封移至果窖，品温控制在20℃以下，进行后发酵，30天后，后发酵终止。用食用酒精调整其酒度达16度，糖度调至14%，用10层棉饼过滤机过滤后，转入另一酒桶陈酿半年以上。

(4) 后处理　陈酿后的芦笋刺梨蜂蜜酒通过10层棉饼过滤机过滤后，灌装于干净无菌的酒瓶内，用封盖机封口。

(二) 芦笋酒

1. 工艺流程

芦笋→分级→清洗→压榨→葡萄原酒调配→陈酿→冷冻→过滤→封装→成品

2. 操作要领

(1) 原料选择与处理　选择新鲜芦笋，并分级、清洗、压榨。

(2) 澄清　芦笋汁不易澄清，采用下胶、冷冻等工艺处理，解决沉淀浑浊问题，增强产品的稳定性。

(3) 陈酿　隔绝氧气，保持芦笋的新鲜感。

八、番茄酒的酿造技术与实例

(一) 番茄酒

1. 工艺流程

原料分选→清洗、消毒→破碎榨汁→酶解处理→番茄浆→成分调整→接种酵母→发酵→过滤→后发酵→虹吸过滤→陈酿→成品

2. 操作要领

(1) 原料选择　挑选成熟度一致，色泽均匀，表皮光洁，果腔充实，果实坚

实，富有弹性，无损伤、无裂口、无瘢痕的新鲜番茄。

(2) 消毒　用盐水浸泡10min，流水漂洗，除去番茄表面吸附的泥土、杂物及残留的农药和微生物，清水清洗，沥干水分。

(3) 破碎榨汁　破碎后压榨取汁。

(4) 酶解处理　番茄浆中加入0.05%果胶酶，使得番茄中的果胶物质分解成半乳糖醛酸和果胶酸，降低番茄汁黏度，提高番茄浆出汁率。

(5) 成分调整　用偏重亚硫酸钾调节番茄浆中的 SO_2 浓度为50mg/kg，按酒精度≥10%（体积分数）番茄酒来补加蔗糖和蜂蜜（10∶1）调整发酵糖度，并使发酵pH在4.0～5.0。

(6) 接种酵母　采用RW型和SY型安琪果酒专用酵母，分别以1∶20∶0.4（1g干酵母+20mL水+0.4g蔗糖）的比例于35℃活化30min，将活化后的酵母液按比例接种于番茄浆中。

(7) 发酵　将番茄浆密封，控制发酵条件，恒温培养，观测糖度变化，7天后结束前发酵。

(8) 过滤　前发酵完成后，过滤，得到金黄色透明滤液。

(9) 后发酵　将滤液倒入干净的玻璃瓶中，密封后进行后发酵，控制温度18～22℃，发酵10天后，每天测定残糖量，测定糖度含量在0.01g/100g左右时，结束后发酵。

(10) 虹吸过滤、陈酿　分离发酵的酒脚，进入14～18℃条件下的陈酿，时间2～6个月。

(二) 番茄香酒

1. 工艺流程

白砂糖→加水煮沸成糖浆（↓成分调整）；酒精（↓酒度调整）；酒精、柠檬酸、白砂糖（↓调配）

番茄→清洗→破碎→加热→成分调整→发酵→过滤→酒度调整→陈酿→调配→陈酿

芳香调料→酒精浸泡→过滤→澄清→浸液（↑调配）

陈酿↓过滤↓热处理→包装→成品

2. 操作要领

(1) 原料选择与处理　选择新鲜、成熟的番茄，清洗干净后破碎，榨汁，升温至70℃以上，以激活番茄汁中的果胶酶，使其分解果胶，澄清果汁。然后冷却至30℃以下备用。

(2) 发酵　将澄清的番茄汁用糖浆调整糖度为10%、pH为4.5，接种耐酸性较强的果酒酵母，温度控制在25～28℃，进行发酵，当残糖降至0.5%以下时，发酵停止。

(3) 陈酿　将上述番茄原酒过滤，用脱臭酒精调整酒度至18%，陈酿3个月以上。

(4) 芳香物浸泡　用65%的脱臭酒精浸泡菊花、薄荷、柠檬皮、玉桂片、丁香粉五种芳香调料，酒精用量以浸没调料为宜，中间搅拌数次，浸泡20～30天，直到芳香成分浸出为止。

(5) 澄清　将芳香物浸泡液倒入滤布袋进行压榨分离，所得滤液在低温下静置一个月，进行澄清处理。

(6) 成品调配　将陈酿后的原酒与芳香物澄清液按规定的比例进行混合，加入适量的白砂糖、柠檬酸、脱臭酒精、蒸馏水混合均匀后，再陈酿六个月，然后吸取上清液过滤，经65～70℃热处理20～25min进行杀菌，再分装即为透明成品番茄酒。

九、西瓜酒的酿造技术与实例

(一) 工艺流程

二次西瓜酒
↑
果渣→发酵→蒸馏→西瓜白兰地
↑
西瓜→清洗→破碎→压榨→分离→调整→前发酵→分离换桶→后发酵→陈酿→
↑
SO_2、酵母

倒桶→调配→冷冻→过滤→装瓶→灭菌→贴标入库

(二) 操作要领

1. 原料选择与处理

选择成熟度适宜、含糖量在12%以上的新鲜西瓜为原料。清洗干净，用破碎方法打开西瓜，榨取汁液，调整成分，加入100mg/L的SO_2，接种5%～15%的人工培养酵母，搅拌均匀后进行酒精发酵，温度控制在18～22℃、时间6～8天。分离出的果渣加入适当成分，进行混合发酵，分离得二次原酒，余渣蒸馏为西瓜白兰地。

2. 后发酵

将前发酵酒液分离进行后发酵，酒脚蒸馏白兰地。

3. 陈酿

将后发酵得到的酒液陈酿六个月以上，中间换桶一次，把酒脚送去蒸馏。

4. 调配、冷冻、澄清

将陈酿后的酒调配至要求的酒度、糖度、酸度后冷冻一段时间，过滤、澄清、装瓶，在65～70℃下灭菌15min，冷却后包装入库。

十、龙葵酒的酿造技术与实例

（一）工艺流程

酵母　皮渣→蒸馏

↓　↑

龙葵果→清洗→破碎→调整→前发酵→压榨→后发酵→倒桶→陈酿→澄清→调配→澄清→装瓶杀菌→成品

（二）操作要领

1. 原料选择与处理

选择新鲜成熟的龙葵果，剔除霉烂果及青果，清洗干净。破碎榨汁，操作要迅速以减少氧化，果实不宜破碎太细，以免影响过滤。果汁中加入适量白砂糖，搅拌均匀。

2. 前发酵

接种酵母菌，酵母菌选用抗SO_2、发酵能力强的菌种。

3. 压榨、后发酵

将上述发酵液压榨分离，皮渣进行蒸馏获得白兰地酒，用以调整酒度。汁液进行后发酵。残糖降至1%以下发酵停止，倒桶进行汁渣分离。

4. 陈酿、澄清

将发酵后的上清液陈酿六个月以上，再进行下胶、冷冻、澄清、过滤。

5. 调整、装瓶至成品

将清液按标准进行酒度、糖度、酸度调整，装瓶、杀菌、包装入库。

十一、哈密瓜酒的酿造技术与实例

（一）工艺流程

酵母

↓

哈密瓜→清洗→去皮→去瓤→破碎→压汁→杀菌→前发酵→后发酵→下胶→陈酿→倒酒→配制→储存→过滤→灌装→杀菌→成品

（二）操作要领

1. 原料选择与处理

选择成熟度适宜、汁液多、含糖量高、具浓香的新鲜哈密瓜，将瓜清洗干净、沥水去皮、切成两瓣，挖掉瓤去籽，粉碎瓜肉、压汁。

2. 前发酵

先于70℃下，对瓜汁杀菌15min，接种酵母菌8%～10%，温度控制在22～26℃，进行主发酵5～8天，在发酵中，每天注意搅拌，把浮在上面的瓜肉压入果汁中。发酵结束时，在汁面上加入部分酒精封面，可抑制有害微生物的侵入并加快酒汁成熟。

3. 后发酵

先倒桶，将原汁酒转入后发酵容器内，留有1/5的空间，密封容器，中间留一小孔，通出玻璃管，一端通入盛有水的容器内，使产生的CO_2排除，同时防止外界空气进入和有害微生物的侵染。当残糖降至0.15%以下时，后发酵结束。

4. 下胶、澄清

按100kg酒液3个鸡蛋和30g食盐的比例，将鸡蛋与食盐混合打成花倒入酒中，经过20天后基本澄清，把澄清的酒液倒缸，备用。

5. 调配

上述发酵液为哈密瓜干酒，通过加糖可把干酒调配成甜酒。

十二、姜汁露酒的酿造技术与实例

（一）原料（以1000kg成品酒计）

1. 主料

生姜32.4kg，肉桂3.0kg，陈皮2.4kg，檀香1.0kg，大枣2.4kg，砂仁1.0kg，白术3.0kg，薄荷1.0kg，脱臭酒精，白砂糖80kg，冰糖30kg；蛋清1000mL，搅成细泡沫后自行液化而成。

2. 调料

55度清香型白酒5%，谷氨酸钠7kg，丙三醇700mL，天然姜汁香精300mL，柠檬酸700g，可按风味要求适当进行调整。

（二）工艺流程

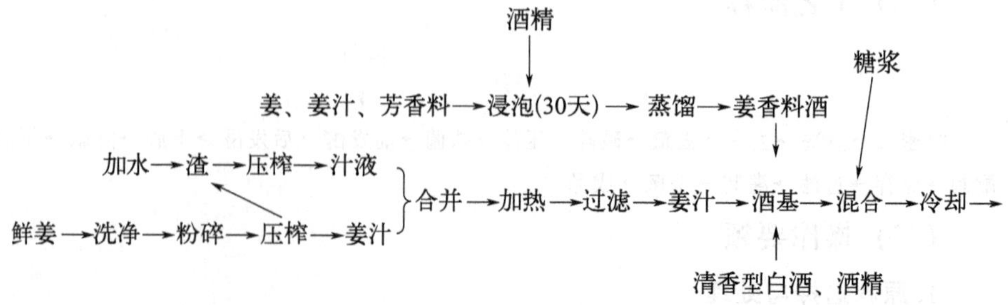

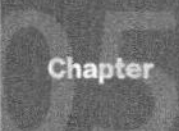

（三）操作要领

1. 原料选择与预处理

（1）提取姜汁　选择新鲜生姜30kg，用清水冲洗干净，投于粉碎机内粉碎，压榨分离姜汁。余渣内加入适量水，搅拌均匀，再压榨取汁（余下的姜渣用以提取挥发油质）。将两次压榨的姜汁合并，加热至沸腾，趁热过滤，澄清备用。

（2）制备香料酒　按量称取芳香料和2.4kg鲜生姜，清洗干净后与上述姜汁混合，浸泡于四倍量的65%～70%的脱臭酒精中一个月。然后入甑蒸馏，提取姜挥发油和药料芳香物质，直至酒度降为10%（体积分数）左右为止，最后将蒸馏液混合澄清过滤，可得到澄清透明的姜香料酒。

（3）制备糖浆　将白砂糖、冰糖与等量的水和搅细的蛋清混合搅拌均匀，加热至沸腾，去除浮渣，趁热过滤备用。

（4）酒基　按成品酒1000kg，酒度25度，根据姜香料酒的酒度、数量及55度清香型白酒5%，计算所需95%脱臭酒精的量，并量取待用。

2. 调配

将姜汁清液、姜香料酒、55度清香型白酒先与酒精混合，然后加入糖浆及调味料，再用糖化水定量至1200kg，混匀后检测其酒度、糖度、酸度，并按产品要求适当调整。

3. 冷却

将调配好的酒液冷却至0.5℃，维持4～6天，使蛋白质和盐类获得较好的稳定性，并趁冷过滤。

4. 灌装、杀菌至成品

对过滤的酒液进行检测分析，符合质量标准后进行灌装，于65～70℃下30min进行巴氏杀菌。抽样检验合格后即为成品。

十三、竹笋酒的酿造技术与实例

（一）原料

竹笋，富含氨基酸（0.69%）、钾（980mg/L）、钙（290mg/L）、磷（78.3mg/L）、铁（85.6mg/L）、糖0.08%、胡萝卜素和维生素B_1。

（二）工艺流程

竹笋→清洗→破碎→压榨→笋汁→调整→发酵→糖浆→后发酵→陈酿→分离→调配→储藏→过滤→装瓶→检验→成品

（三）操作要领

1. 原料选择与处理

选择新鲜竹笋，去除破损、虫蛀、干缩部分，将选好的笋用清水冲洗干净，沥干、破碎榨汁，在5℃±1℃的条件下保存。

2. 酵母培养

将砂糖熬制成 700g/kg 的糖浆，笋汁加热至沸腾。将糖浆缓慢地加入笋汁中使含糖量达 150g/kg，并加入 15g/kg 的琼脂。先用热水浸泡琼脂，边加入边搅拌，溶化后，在 121℃下灭菌 30min，将培养基倒入无菌试管中趁热倾斜放置，冷却成斜面。于无菌操作下转管接种，28℃恒温下培养 48h，待斜面菌体凸起，可转接应用。液体酒母扩大培养，将笋汁补加糖至 150g/kg，用柠檬酸调 pH 为 4，于 121℃下灭菌 20min，冷却后接种，每个三角瓶接两个接种环的菌种，于 28℃下经 48h 即可达旺盛发酵阶段，此时发酵液作为菌种再扩大培养，笋汁发酵旺盛时作为成熟酵母备用。

3. 成分调整

用糖浆将笋汁糖度调至 170g/kg，用柠檬酸调 pH 为 4～4.5。

4. 发酵

按 10%的比例接种酵母液体菌种，并加入 50mg/L 的 SO_2，温度控制在 26～28℃，注意要通风排气，温度过高时要降温。发酵 4 天。

5. 后发酵

按酒度达 17 度的标准调整糖度，pH 调至 3.5～4.5，进行后发酵。当发酵液呈米黄色、透明、有笋汁和甜酒香味、香味浓郁时，发酵结束。10 天后，转入阴凉处陈酿一个月。

6. 分离、调配

陈酿一个月后，通过无菌操作，用虹吸法吸取上清液，去除沉淀，调整糖度至 150g/L、酸度为 6g/L、酒度为 17 度；密封储存 1～2 个月后，用虹吸法吸取上清液，瓶装即为成品。

十四、苦瓜酒的酿造技术与实例

（一）工艺流程

苦瓜→清洗→粉碎榨汁 } 调配→过滤→巴氏灭菌→成品
大米→浸水→蒸煮→糖化→液化→发酵→过滤 }

（二）操作要领

1. 原料选择与处理

选择新鲜苦瓜用清水洗净，粉碎榨汁待用；将麦芽与大米按 65∶35 的比例混合，加入 45 倍的水。

2. 糖化

将料水混合均匀后置糖化锅内升温至 50～92℃，保持 30min；升温至 100℃、20min；再降温至 48～63℃，30min；再升温至 68℃，40min；然后再升温至 78℃。

3. 成分调整

在粗滤后精滤前添加糖化剂。苦瓜汁添加量为3%～5%。

十五、胡萝卜酒的酿造技术与实例

（一）工艺流程

胡萝卜→清洗→去皮榨汁→调整灭菌→冷却发酵→过滤→后发酵→成分调整→杀菌→包装→成品

（二）操作要领

1. 原料选择与处理

选择新鲜、无腐烂的胡萝卜，去皮，用清水冲洗干净，按1∶1.5的料水比例加水榨汁。

2. 成分调整

胡萝卜汁含糖3%～15%，按成品酒酒度为14度，每1.7g糖产生1mL酒精计算加糖量，加糖为200g/L。适宜酵母菌生长的pH为4～4.5，胡萝卜汁的pH为5～6，无须调整。

3. 酒精发酵

接种4%的酵母，于25℃下发酵6～7天，当发酵液的糖度为5～9°Bx时，发酵结束。

4. 成分调整

将酒度调至14度，糖度调至5g/100mL，酸度为0.46g/100mL，进行巴氏杀菌，灌装即为成品。

十六、松茸酒的酿造技术与实例

（一）工艺流程

曲粉
↓
青稞→去杂浸泡→蒸煮→淋饭→摊晾→下曲→堆积拌匀→下缸糖化→半固态发酵→
↑
干松茸→预煮→浸提→过滤→滤渣
↓
滤液
↓
蒸馏→原酒→储存→勾兑→紫外线灭菌→过滤、静置→包装成品

（二）操作要领

1. 原料选择与处理

选择新鲜青稞用筛子或扬谷器分离去除杂质，浸泡一定时间后在蒸锅内蒸煮

2.5h，使青稞熟透而不烂。将新鲜的干松茸洗净，预煮，沥水，备用。

2. 淋饭摊晾

加水至青稞饭吸足水，均匀摊开降温，冬季降至 37℃，夏季降至 28℃。

3. 浸提

用青稞白酒对松茸进行浸提，松茸与 65 度青稞白酒的比例为 1∶10，浸泡 8h 后压滤，余渣再用 1000mL 65 度青稞白酒浸提 8h，压滤得二次汁，将两次汁液合并进行精滤。余渣和青稞一起糖化、发酵。

4. 糖化

将青稞与松茸渣按 50∶1 的比例充分混合，加入酒曲 0.8%，温度控制在 36℃，发酵 24h。

5. 半固态发酵

这一步为产酒增香的关键技术，时间约 40 天，温度由低到高再降低，加水 125%，温度控制在 28℃—29℃—32℃—24℃。

6. 蒸馏

缓火蒸馏，酒的流速控制在 0.7kg/min，分段摘酒。

7. 陈酿

自然陈酿一年，使酒增香，风味协调。

8. 紫外线处理

使酒具陈酿作用。

9. 过滤

用 0.1%的糊化糯米淀粉吸附酒中的杂质 4h 后，用 112 型过滤器连续过滤即得成品。

十七、鱼腥草酒的酿造技术与实例

（一）蕺酒

1. 工艺流程

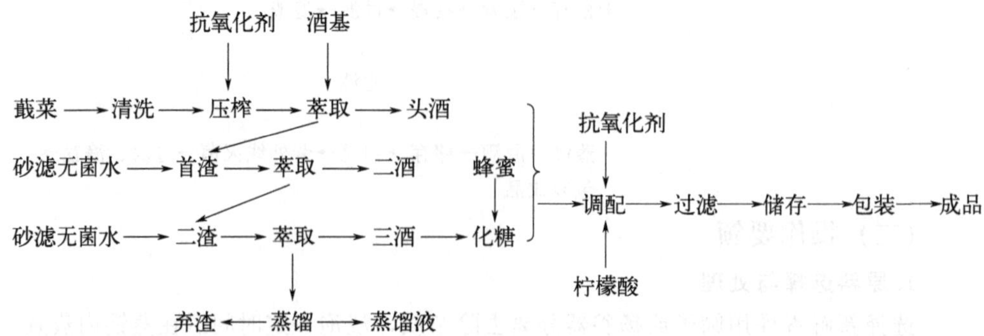

2. 操作要领

（1）原料选择与处理

① 鱼腥草汁萃取。选用新鲜无草梗、杂质的鱼腥草，用清水洗净后沥水，用辊压机将其压扁即可。将压扁的原料立即放入陶瓷缸内，按 0.1g/kg 的质量比例加入维生素 C 粉剂（先用无菌水溶解），搅拌均匀，并按 1∶1 的比例加入高度酒基，以浸没原料为宜，浸泡 24h，中间搅拌 1～2 次。萃取头酒、二酒，萃取时间 8～12h，三道酒，萃取时间同二酒。残渣置于不锈钢酒甑内，进行蒸馏。

② 酒基处理。按先后顺序向食用酒精或 70 度以上的粮食白酒内加入 0.03% 的活性炭粉末和 0.3%淀粉（先将淀粉用冷水调制并加热成稀的糊精），进行脱臭处理，持续搅拌 15min，静置 24～48h，取上清液备用，为脱臭酒精。

③ 制糖浆。按要求计算出蜂蜜用量，用残渣蒸馏液将蜂蜜溶化后加入酒内。

（2）调配、过滤　将头、二、三酒混匀，加适量的柠檬酸、糖浆、维生素 C，搅拌均匀，待检测其酒度、糖度、酸度指标合格后立即过滤。用不锈钢压滤机，将硅藻土先加入少量酒中，过滤操作要快，尽量避免与空气接触以防止发生氧化褐变。

（3）储存　将过滤好的蕺酒装满坛密封储存，时间两个月以上。

（二）鱼腥草蜜酒

1. 工艺流程

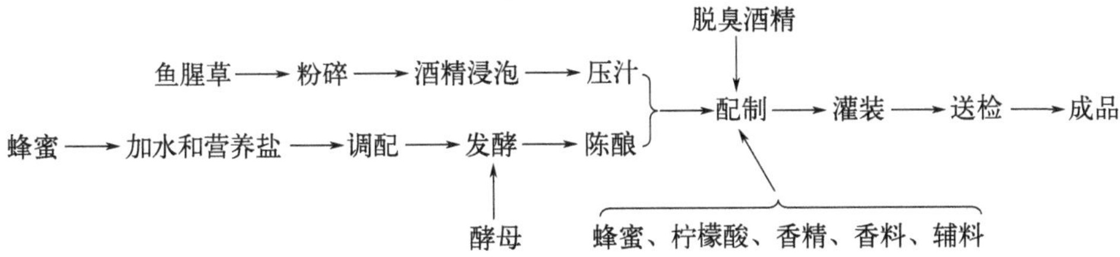

2. 操作要领

（1）原料选择与预处理

① 制鱼腥草汁。选用粗壮、洁白、汁浓的鱼腥草，洗净，加少量水粉碎，用脱臭酒精浸泡 10 天，浸泡液的酒度为 30 度，其间搅拌几次，10 天后过滤压干，再浸泡压干，反复三次，将三次液合并备用。

② 调发酵蜜汁。将蜂蜜煮沸去除泡沫并加水稀释，加入营养盐即为发酵蜜汁，用该蜂蜜和柠檬酸等将发酵蜜汁的糖度调为 12%、酸度为 0.4%。

③ 酵母培养。取斜面葡萄酒酵母三株分别接种于麦芽汁培养基上，经三次扩大培养成酒母，并使三种酒母液的体积分别为发酵蜜汁的 3/10。

（2）发酵　将调整好的蜜汁注入发酵容器，留 1/5 的空间。当蜜汁温度降至

26℃左右时，接种酒母。24h内发酵开始，将品温控制在20～26℃，7天后发酵结束。将温度降至20℃进行后发酵，三周后发酵终止，蜜汁的糖度降至极低，酒度升高，为发酵原酒。

（3）陈酿 将发酵原酒过滤、转缸、密封、陈酿。

（4）调配 在陈酿的原酒中，按设计的酒度、糖度、酸度加入鱼腥草汁以及煮沸去沫的蜂蜜、香料、脱臭酒精等，使之达到设计的色、香、味要求。

（5）灌装、成品 将配制合格的鱼腥草蜜酒沉淀、过滤、装瓶。随机抽样送检，合格后为成品。

十八、苦瓜灵芝酒的酿造技术与实例

（一）工艺流程

苦瓜→清洗、晾干→浸泡
灵芝→清洗→水浴加热→浸泡 } →二者调配→质量检测

（二）操作要领

苦瓜不切片，整个苦瓜浸泡于52度的清香型白酒中。灵芝切片，清洗，风干后称量少许溶于52度的清香型白酒进行水浴加热，浸泡一段时间后，将灵芝酒与调配好的苦瓜酒按照一定的比例进行勾兑，并倒入装有苦瓜的酒瓶中进行浸泡，然后对所开发的苦瓜灵芝酒进行质量指标检测。

十九、姬松茸酒的酿造技术与实例

（一）工艺流程

姬松茸斜面活化→种子培养→发酵培养→发酵液离心（得到菌丝体）→滤液（加SO_2）→前发酵（加酵母）→后发酵（加蔗糖）→陈酿→过滤→杀菌→成品

（二）操作要领

1. 发酵型姬松茸的制备

将经过斜面活化的菌丝体用接种铲切割成黄豆大小的菌丝块，接种于摇瓶种子培养基中，250mL摇瓶装液50mL，于25℃ 150r/min的振荡培养箱中培养7天。然后以10%接种量转接发酵瓶进行培养，250mL摇瓶装液量为50mL，于25℃ 150r/min的振荡培养箱中培养5天。

2. 低度酒发酵醪液的制备

将发酵好的姬松茸发酵液以4000r/min离心15min，再用蒸馏水冲洗数次，即得湿菌丝体。然后进行菌丝体破碎，将破碎后的菌丝体与原发酵液混合作为低度酒发酵醪液。

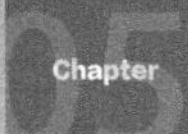

3. 前发酵

在发酵醪液加入60～120mg/kg的SO_2，待经4～5h后，当其达到杀菌效应时，再将活化后的活性干酵母接入进行前发酵。前发酵控制温度20～25℃，当残糖含量小于1%时，前发酵结束。

4. 后发酵

添加蔗糖16～17g/L，进行后发酵，直至残糖量至5g/L以下，酒精度达7%～9%（体积分数）时进入成熟阶段。

5. 陈酿、过滤、杀菌

在7～10℃低温条件下进行自然澄清，陈酿15～30天，当酒醅完全下沉、酒体清亮有光泽、酒香浓郁时，即可进行过滤、去渣、装瓶，置于65℃的热水中杀菌30min后，取出冷却即得成品。

二十、鸡腿菇发酵酒的酿造技术与实例

（一）工艺流程

柠檬酸、白砂糖 ↓

干鸡腿菇→粉碎→加水→浸提→静置澄清→过滤→调整→煮沸→发酵→澄清过滤→调配

活性干酵母→煮沸→活化 ↑（→发酵）

调配→陈酿→过滤→装瓶→杀菌→成品

（二）操作要领

1. 鸡腿菇汁的制备

取干鸡腿菇用粉碎机粉碎，按鸡腿菇与水1∶15的比例加水，于95℃恒温水浴中浸提1.5h后，用4层干净的纱布过滤，再将滤液在转速2000r/min的条件下，离心8～10min，去除残渣和沉淀，将上清液倒出备用。

2. 调配

在鸡腿菇汁中加入一定量的柠檬酸和白砂糖，柠檬酸终浓度为1.5g/100mL，三者混合后，充分搅拌均匀，煮沸杀菌10min，再冷却到27～30℃。

3. 干酵母的活化

将2g/100mL的糖水煮沸20min，凉至35～40℃。加入5g/100mL干酵母，放置15min后在恒温培养箱中活化（32℃）1.5h即可，活化过程中每隔10min轻轻摇动几下。

4. 发酵

在调配好的溶液中，加入一定量的活化干酵母液，进行主发酵。主发酵结束

后，进行倒罐分离，分离的酒液进入缓慢的后发酵阶段。后发酵温度控制在16～18℃，时间为3～4周。后发酵结束后，过滤除去酒脚，得到清亮的淡黄色的原酒。原酒取样进行酒精度、糖度、澄清度等的检测。

5. 澄清、过滤

向酒液中加入一定量的澄清剂静置2天，过滤。

6. 调配

在经澄清过滤后的产品中补加一定量的60%～65%（体积分数）的白酒，使酒精度达到15%（体积分数），以增加酒液的抗菌能力，延长保存时间。再将糖度调至3g/100mL，酸度（用柠檬酸调）调至5g/L，搅匀后密封。

7. 陈酿

密封储藏4～6个月进行陈酿，以提高产品风味。

8. 装瓶、杀菌

陈酿结束后过滤，将过滤后的产品装瓶并在70℃以上的热水中消毒15min。灭菌后的鸡腿菇酒进行感官指标、理化指标和微生物学指标检测，各项指标合格后，获得成品。

二十一、山药发酵酒的酿造技术与实例

（一）工艺流程

铁棍山药→清洗→除杂→切片→烘干粉碎→浸提→降度处理→过滤→成品

（二）操作要领

1. 清洗除杂

用清水多次清洗铁棍山药，去除山药须和山药嘴。

2. 切片

用切片机将山药切成厚约1mm的山药片。

3. 烘干

将鼓风干燥箱的温度设定为90℃，再将切好的山药片在烘干箱内烘3～4h，直至山药片颜色微黄，含水量低于5%。

4. 粉碎

将烘好的山药粉碎。

5. 恒温浸提

按照山药与原酒质量比为1∶3的比例，将烘干后的山药加入到75%（体积分数）的五粮原酒中，在60℃恒温条件下浸提3h。

6. 浸提酒液混合

将浸提第一遍的酒液与浸提第二遍的酒液混合均匀，得到山药酒原酒。

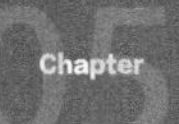

7. 降低酒度

用二级水稀释山药酒原液至40%（体积分数）。

8. 过滤

山药原酒降低酒度后，先过板框式过滤机进行粗滤，再过膜过滤机进行精细过滤。

二十二、马齿苋米酒的酿造技术与实例

（一）工艺流程

马齿苋→榨汁→离心→马齿苋提取液
↓
大米→浸泡→蒸饭→冷却→拌曲→糖化→发酵→压榨→澄清→过滤→马齿苋米酒
↑
酵母→活化

（二）操作要领

1. 制备马齿苋提取液

挑选无腐烂、无机械损伤的马齿苋，去除根部和杂质，清洗切碎。置于榨汁机内，添加马齿苋质量5倍的水榨汁，然后离心10min，再加入0.8%抗坏血酸护色，即得马齿苋提取液。

2. 蒸饭、拌曲、糖化

选择优质大米清洗、浸泡、蒸饭、冷却，添加米饭重量1.0%的甜酒曲，搅拌均匀，将米饭中央搭成倒喇叭状的凹圆窝，再在上面撒一些酒药粉，进行糖化。

3. 发酵、压榨、澄清、过滤

称取大米重量0.1%的安琪活性干酵母，充分搅拌，开始发酵，发酵温度为30℃，时间为120h。发酵结束后，榨酒、澄清、过滤，即得马齿苋米酒。

二十三、蔬菜啤酒的酿造技术与实例

（一）黄瓜啤酒

1. 原料的选择与预处理

选择深绿色、表皮带刺、皮薄肉嫩且风味好的新鲜黄瓜。用冷水冲洗干净后再用60℃水洗一次，然后破碎，升温至70℃杀菌5min，使黄瓜中的有效成分充分溶解出来，并使黄瓜中能氧化维生素C的氧化酶失去活性。然后分离取汁并将汁液冷却至0～4℃，备用。汁液呈浅黄绿色。一般100kg黄瓜可制取40～50kg黄瓜汁。

2. 黄瓜汁的添加量与添加方式

在啤酒中加入 2％的黄瓜汁。可在麦汁煮沸时添加；也可在主发酵期间添加，效果均较好，这样既降低或消除了麦汁的不良气味，又省去了黄瓜汁预先脱气处理的工序。但酿制啤酒用的麦汁，其糖与非糖的比例，以 1∶（0.15～0.2）为宜；成品酒以 56 度左右较好。

（二）小白菜啤酒

1. 原料的选择与预处理

选择无油污、无黄叶、刚采收的鲜嫩小白菜，用水冲洗干净后，加适量的水进行粉碎，将其煮沸 3～5min 杀菌。快速分离汁液，冷却备用。一般 100kg 小白菜制 50kg 菜汁。菜汁的制备以在密闭条件下进行为好。

2. 菜汁的添加量与添加方式

小白菜汁添加量为啤酒的 2％～3％；添加方式同黄瓜汁的添加方式。在菜汁煮沸时添加或在主发酵期间添加。

也可将番茄汁、黄瓜汁、小白菜汁混合一起加入啤酒中，添加量为啤酒的 3％～4％，番茄汁、黄瓜汁、小白菜汁比例为 1∶1∶1.5。添加方式同番茄汁的添加方式。

第二节　蔬菜的制醋技术与实例

一、南瓜醋的酿制技术与实例

（一）工艺流程

果胶酶　糖化酶
↓　　↓
南瓜→清洗→去籽切片→干燥→粉碎→过滤→糖化→调糖→杀菌→冷却→酒精发酵→醋酸发酵→过滤→勾兑→杀菌→成品
↑（醋酸菌）　　↑（酵母）

（二）操作要领

1. 原料选择与处理

选择新鲜、成熟的南瓜，清洗干净后去籽，切成片自然干燥，使含水量小于 10％。然后用粉碎机粉碎，干燥保存备用。

2. 过滤

用热水将南瓜粉调成浆状，加入 1.23％的果胶酶，于 35～40℃下放置 6～

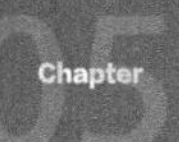

8h，使果胶溶解，浆液变稀，进行过滤，去除皮渣。

3. 糖化

南瓜含淀粉比较多，要加糖化酶进行糖化，使淀粉分解成单糖以进行发酵。糖化酶加入量以每千克浆汁 50～150 活性单位为宜。温度控制在 45～55℃，糖化 2h。

4. 杀菌冷却

将浆汁的含糖量调至 10%左右、酸度调在 0.2%左右，于 80℃下 15min 进行巴氏灭菌，然后冷却至 28～30℃。

5. 酒精发酵

将浆汁泵入发酵罐，接种酵母菌液，在密闭条件下进行酒精发酵，将品温控制在 28～30℃范围内，发酵 7 天左右，待乙醇含量达 5%以上、酸度在 0.6%左右、残糖降至 0.5%～0.8%之间，酒精发酵结束。

6. 醋酸发酵

接种 10%左右的醋酸菌，搅拌均匀，注意通风，醋酸菌为好氧菌，分泌的氧化酶可将乙醇氧化成乙酸，这是产醋的关键流程。发酵前期是菌种适应期，生长慢，需氧少，通风量应小些，将罐温控制在 35～36℃，此时期约 24h。发酵中期醋酸菌活力上升，迅速生长繁殖，需氧量增大，要加大通风，品温控制在 36～38℃，时间 15h。发酵后期醋酸菌大量繁殖，氧化酶分泌量大，乙醇大量转化成乙酸，品温应控制在 34～35℃，时间 20h 左右，至酸度不再增加为止。

7. 其他流程

同常规方法。

二、马铃薯醋的酿制技术与实例

（一）马铃薯醋的酿制技术

1. 原料

马铃薯（土豆）100kg、谷糠 60kg、麸皮 40kg、扩大曲 4～5kg、醋用发酵剂 1.6kg。

2. 操作要领

（1）原料选择与处理　选择新鲜、无霉烂变质的马铃薯，冲洗干净，煮熟后捣碎，按 50kg 马铃薯加凉水 30kg 的比例加水。将温度升至 25℃后，拌入扩大曲和醋用发酵剂，充分拌匀，倒入缸内盖好盖进行糖化。12h 后起泡，时起时伏。每日用木槌上下搅动，上稀下稠为糖化成熟。

（2）拌醅　将糖化成熟的马铃薯浆挖出放入簸箕内，拌入谷糠、麸皮，拌匀，醅料湿度以手握稍滴水珠为宜（冬季稍干些）。拌好后入缸，用草席盖严发酵。

(3) 醋酸发酵　将发酵室的温度控制在25～30℃，缸内的醅料约3天产生醋酸，注意上、下翻缸，昼夜翻缸3～4次，使品温上下一致。品温控制在43℃以下，若温度过高，应将醅料稍压紧或倒缸以控制温度。品温在43℃以下的时间不超过3天，温度逐渐下降至30℃，直到酒精被氧化成醋酸，约经12～15天的发酵，醋醅定型。口尝味甜酸，按100kg马铃薯加盐3kg的比例拌入食盐并压实，密封在池内，陈酿增香。

(4) 淋醋　将成熟的醋醅装入淋缸内，每套四个淋缸，缸内有木淋架子，架上铺淋席，缸底部装有淋嘴。每套装醅子按主料计算为150kg，然后用二淋醋水装满淋缸泡淋。闷淋时间因醅子而不同，长的12h，短的3～4h，以闷透醅子为准。闷透后即可进行淋醋。

先用水或二淋水冲流其中的两个淋缸，将下部淋嘴打开，放出头淋醋。另外两个淋缸用二淋醋浸淋，流出的醋液反复回淋。待醋液清亮时，加热至80℃以上即为成品，放入存醋池或缸内，检验合格可出厂。

(二) 红茶菌发酵马铃薯醋

1. 原料

新鲜马铃薯、α-淀粉酶（≥3700U/g）、糖化酶（≥10000U/g）、红茶、白砂糖、柠檬酸（均为食用级）等。

2. 工艺流程

马铃薯预处理→蒸煮→打浆→酶解→灭酶→过滤→调糖、调酸→高温灭菌→接红茶菌→红茶菌发酵→陈酿→过滤→灌装→灭菌→成品

3. 操作要点

(1) 原料预处理、蒸煮、打浆　将马铃薯进行清洗、去皮、切分，蒸熟晾凉后，加入马铃薯质量4倍的水进行打浆，制成马铃薯原液。

(2) 酶解、灭酶、过滤　在马铃薯原液中加入0.23% α-淀粉酶、0.23%糖化酶，在60℃恒温水浴锅中进行液化、糖化4h，90℃水浴10min，灭酶并过滤，制成马铃薯糖化液。

(3) 调糖、调酸　在马铃薯糖化液中加入白砂糖、柠檬酸，将糖度调至18.0%、pH调至3.80。

(4) 高温灭菌　马铃薯糖化液在121℃条件下高压灭菌15min，冷却待用。

(5) 红茶菌接种与发酵　将冷却后的马铃薯糖化液接入活化后的红茶菌中，放入恒温培养箱中进行红茶菌发酵，测定总酸含量接近2.5g/100mL后结束发酵。

(6) 陈酿、过滤　将发酵结束的原醋陈酿60天，离心、过滤制得马铃薯醋。

(7) 灌装、灭菌　选择合适的包装瓶，将马铃薯醋液灌装进去，封好进行巴氏杀菌。

三、香菇小米醋的酿造技术与实例

（一）原料

香菇菌种、沪酿 1.01 醋酸菌、液化酶（α-淀粉酶，酶活力 24 000 U/mL）、糖化酶（葡萄糖淀粉酶，酶活力 150000U/mL）、酿酒活性干酵母等。

（二）工艺流程

马铃薯液态培养基→香菇菌丝体培养→过滤→糖化
小米→烘焙→粉碎→浸渍→液化→蒸煮→糖化
（两路合并）→复合糖化醪→酒精发酵→醋酸发酵→澄清→过滤→杀菌→加盐→成品

（三）操作要点

1. 香菇糖化醪的制备

将马铃薯液态培养基装入发酵罐中，121℃灭菌 20min，降至室温后接入香菇孢子，于 25℃、115r/min 搅拌培养 3 天，将获得的香菇菌丝体液过滤，加糖化酶进行糖化，充分糖化后用测糖仪测得香菇糖化醪的糖度为 6%。

2. 小米糖化醪的制备

选择优质小米，电烤箱 150℃烘焙 1.5h。用粉碎机将烘焙过的小米粉碎，加水放入恒温培养箱，再加液化酶 60℃保持 1h，充分液化后放入 120℃、111.4kPa 条件下的高压锅内蒸煮 30min，冷却至室温（25℃）后加糖化酶进行糖化，糖化充分后用测糖仪测得小米糖化醪的糖度为 39%。小米经过烘焙最后得到的产品醋会带有淡淡的焦香。

3. 复合糖化醪的配制

将香菇糖化醪和小米糖化醪按质量比 1∶1 进行配比，然后加水稀释至混合液糖浓度为 16%，这样可以使产品醋兼具香菇和小米的营养成分，二者营养价值得到充分利用。

4. 酒精发酵

将干酵母预先在 2%糖浓度下活化 1h 后，加入不同稀释浓度的复合糖化醪中，进行酒精发酵 72h。

5. 醋酸发酵

将醋酸菌于 32℃活化 20h 后，转入盛醋酸菌活化培养基的三角烧瓶中，用纱布封口，于 32℃、转速 180r/min 条件下活化培养 24h（总酸度＞1%）。活化后的醋酸菌液接入酒精发酵液中，并用通气泵持续通入气体，保持空气流量为 1∶0.2（发酵液与空气的体积比），进行醋酸发酵 7 天。

6. 成熟加盐

加入质量分数1.0%食盐以抑制醋酸菌活性和防止其他细菌滋生，静置1天澄清后过滤，将上清液用巴氏消毒法进行灭菌后，即制得香菇小米发酵醋成品。

四、山药醋的酿制技术与实例

（一）原料

山药、大米、α-淀粉酶、糖化酶、活性干酵母、醋酸菌等。

（二）工艺流程

山药→清洗去皮→破碎→榨汁
大米→浸泡→磨浆→液化、糖化→过滤液
（两者）→混合→酒精发酵→醋酸发酵→陈酿→过滤→装瓶→灭菌→成品

（三）操作要领

1. 原料选择与处理

选择无腐烂、无褐变的新鲜山药块茎，用清水清洗干净后在护色液中用竹器去皮，然后破碎取汁。将大米洗净，在40～45℃水中浸泡6h，磨浆后过大于120目的筛，在滤液中加入淀粉12%、$CaCl_2$ 0.2%、α-淀粉酶，升温至98℃，维持30min，然后冷却至70℃，加入糖化酶，搅拌均匀，1h后用板框过滤机过滤得糖化液。将山药汁与大米糖化液按1∶5的比例混合均匀。灭菌后冷却至30℃，转入发酵缸。

2. 酒精发酵

先将活性干酵母按1∶10的比例加入2%还原糖中，于37℃下活化2h，接种于混合液内，接种量为5%，充分混合后于30℃下发酵6天，酒度达5.5～6.5度，酒精发酵结束。

3. 醋酸发酵

在酒醪中接种0.1%的活化醋酸菌，温度控制在40℃，进行醋酸发酵，酸度达6.5～7.0g/100mL时，发酵结束。

4. 陈酿、澄清

将上述醋液泵入储料罐，加入2%食盐，陈酿4～5个月后进行过滤，首先用澄清剂去除果胶物再过滤、澄清。

5. 装瓶、灭菌

将澄清的醋液灌装入瓶，于80℃下灭菌。

五、大蒜醋的酿造技术与实例

（一）大蒜醋

1. 原料

大蒜、果胶酶、葡萄酒酵母、醋酸菌、葡萄糖、碳酸钙、琼脂、柠檬酸等。

2. 工艺流程

　　　　　　　　　　　　　　　　　　　　　　　　　　糖　　果胶酶
　　　　　　　　　　　　　　　　　　　　　　　　　　↓　　↓
大蒜去皮→分选→清洗→浸泡脱臭→捣碎→抽滤→回流→蒸馏→大蒜汁→灭菌→

酒精发酵→醋酸发酵→过滤→灌装→杀菌→成品
↑　　　　↑

酵母　　　醋酸菌

3. 操作要领

（1）原料选择与处理　去除大蒜外衣及变质的部分，选择新鲜、饱满的鳞茎为原料，将去衣后的鳞茎在清水中清洗干净，沥干水后切成均匀的蒜瓣。用茶汁水将切好的蒜瓣浸泡4～5h，以除去大蒜中的臭味。茶叶水的制备方法是将50g茶叶倒入1L水中，于85～95℃下煮5min，静置10min，过滤后即为茶水。捣碎倒去茶水，留下蒜瓣，加1倍水将其捣成糊状，然后进行抽滤。

（2）回流蒸馏　将抽滤液于85～90℃下恒温水浴中回流1h，再将所得蒜汁蒸馏，为大蒜原汁。

（3）酒精发酵　先用果胶酶对大蒜原汁进行处理，然后用蔗糖将汁液的糖度调至14°Be。接种5%的活化酵母液，于24～26℃下发酵4～5天，当酒度达6.3%时，酒精发酵结束。

（4）醋酸发酵　将发酵酒液接种6%的醋酸菌，于35℃下发酵84h，当酸度（乙酸）达5%时，发酵结束。

（5）粗滤、后熟　将醋酸发酵液用板框过滤。将过滤后的醋酸液置于密闭容器中1～2周进行后熟，使部分有机酸和醇类结合成芳香酯类，增加醋的香味。

（6）调配　按要求达到的标准，用蔗糖、柠檬酸调至适宜的糖度、酸度。

（7）杀菌、冷却　将调整好的醋液灌装，封口后置于85～90℃热水中25～30min进行水浴杀菌。然后用冷水喷淋冷却至40℃即为成品。

（二）调配型大蒜醋

1. 工艺流程

鲜蒜→去皮→清洗→破碎→混合→浸泡→过滤→瞬时灭菌→灌瓶→成品
　　　　　　　　　　　　　　　　　　　　　　　　　↑
　　　　　　　　　　　　　　　　　　　洗瓶→瓶干燥灭菌

2. 操作要领

（1）原料处理　将鲜蒜剥去外皮，去掉腐烂变质的蒜瓣。将选好的蒜瓣反复用水冲洗干净，控干水分，用绞碎机破碎。

（2）混合浸泡　将醋灭菌后按照配料数量（醋100kg，砂糖3.5kg，蒜6kg，食盐1kg）放于密封储存罐中，再加入称重好的蒜泥、砂糖和盐，搅拌均匀浸泡7～10天，然后将蒜渣用滤布滤去。

(3) 灭菌装瓶　将蒜汁醋经瞬时灭菌器灭菌，即可灌瓶。空瓶事先必须清洗，干燥灭菌。

六、番茄醋的酿造技术与实例

(一) 工艺流程

酵母→活化→酒母（↓混合）；醋母（↓醋酸发酵）

番茄→清洗→热烫→破碎→混合→酒精发酵→固体分离→醋酸发酵→加盐、淋醋→

麸皮、稻壳、糖（↑混合）

配兑→装瓶→煎醋→陈酿→成品

(二) 操作要领

1. 原料选择与处理

选择成熟度高、完整、无虫眼病斑的番茄果实，清洗干净，并在90～95℃的热水中烫3min后，用果蔬破碎机将其打碎成浆状，然后与50%的麸皮、稻壳及10%的酒母（把活性干酵母按0.2%的量用35℃、2%的温糖水活化2～3h）混合均匀。

2. 酒精发酵

原料混合均匀后加入主发酵池中，主发酵池的滤板上事先垫上一层100目的尼龙布，同时用塞塞好出料口。再加入糖液调节番茄汁液的糖度至12°Bx，并使汁液与发酵池面相平，用塑料布密封池口，密封发酵64～72h，待酒度达到7%～8%后酒精发酵即可结束。

3. 醋酸发酵

酒精发酵结束后立即进行醋酸发酵。打开出料口，让汁液自动流入液态发酵池，然后接入10%醋酸母液，混合均匀后再从主发酵池顶淋入，淋8～10次/天。每天检测酸度至汁液酸度不再上升时，醋酸发酵结束。

4. 加盐后熟

醋酸发酵结束后按原料的2%加入食盐后熟，用塑料布封口，放置15～20天，中间倒醅一次再封口陈酿，一个月后进行淋醋。

5. 淋醋、过滤和煎醋

淋醋采用循环淋浇法，即用液态发酵池中的醋作为头道醋，再用与头道醋等量的清水从池顶淋入，滤液反复淋浇醋醅，至醋醅残留的酸在0.1%以下。用400目的滤布或滤纸过滤，加热，静置沉淀，再过滤。反复操作，直到滤液澄清透明，生产中用硅藻土过滤。煎醋温度75～80℃、20min。

第六章　花卉(观赏植物)的酿酒制醋技术与实例

06 Chapter

本章介绍了杜仲、刺梅、三棵针、仙人掌、芦荟、金银花、菊花等花卉（扩充至观赏植物范围）的酿酒制醋技术与实例。我国为花卉（观赏植物）生产大国，种植面积与产量均居世界第一位。丰富的花卉（观赏植物）既可用以观赏又可食用。用以酿酒制醋，可丰富我国酒和醋的品种、数量，满足消费者的需求，提高附加值，很有发展前景。

第一节　花卉（观赏植物）的酿酒技术与实例

一、刺梅酒的酿造技术与实例

（一）工艺流程

刺梅果实→破碎→前发酵→分离→后发酵→储酒→配酒→储酒→澄清→装瓶、杀菌→成品

↓

蒸馏→刺梅果白兰地

（二）操作要领

1. 原料选择与处理

选择成熟度高、无病虫、无霉烂的新鲜刺梅果，用破碎机破碎后转入发酵池。

2. 前发酵

加入适量的二氧化硫杀菌，接种人工酵母5%～10%，进行前发酵，温度控制在22～28℃，时间2～3天，进行汁、渣分离。继续进行前发酵，温度控制在

22～25℃，时间 7～8 天。

3. 后发酵

前发酵完毕后，马上进行汁渣分离，温度保持在 25℃以下，进行后发酵，后发酵结束后储酒 1 年以上。

4. 配酒

按标准要求配制刺梅果酒，再储存 3 个月以上，然后用明胶澄清法澄清，再进行硅藻土过滤。

5. 装瓶、灭菌、入库

将过滤澄清的刺梅果酒装瓶后，于 70℃下进行灭菌 15min，冷却后贴商标，包装入库。

二、三棵针酒的酿造技术与实例

（一）工艺流程

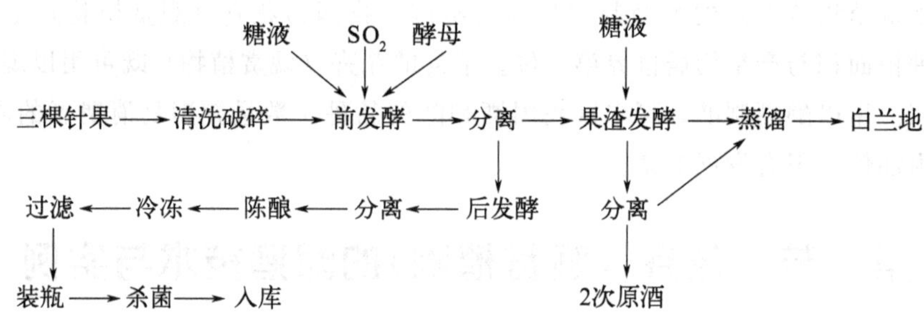

（二）操作要领

1. 原料选择与处理

选择充分成熟、新鲜无霉烂的果实，去除杂物，用清水清洗干净，然后破碎。

2. 前发酵

加入适量的白砂糖液、30mg/L 的二氧化硫，充分搅拌均匀，接种人工酵母 5%～8%进行前发酵。温度控制在 18～22℃，时间 6～8 天。

3. 后发酵及陈酿、冷冻等

将前发酵液倒桶分离，进行后发酵，得到 1 次原酒，陈酿半年后，调整成分。冷冻、过滤、装瓶。于 65～70℃下保持 15min 进行灭菌，冷却后包装、入库。

分离出的果渣加入糖液再进行 2 次发酵，结束后，分离得到 2 次发酵原酒，储存待用。果渣进行蒸馏，得到三棵针果白兰地，用以调酒。

三、五味子酒的酿造技术与实例

(一) 五味子酒的酿造技术

1. 工艺流程

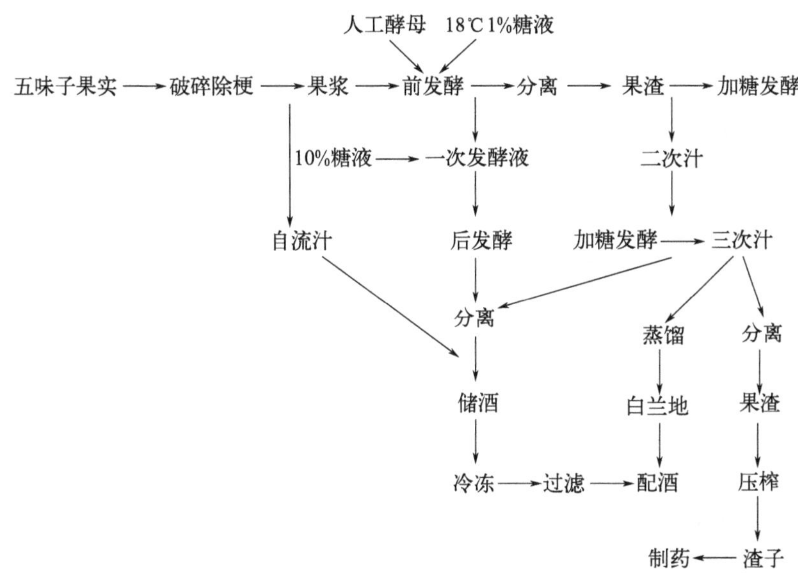

2. 操作要领

(1) 原料选择与处理　选择成熟度在95%以上的果实，破碎除梗，加入白砂糖液稀释酸度、提高糖度。将自流汁单独储存于干净池中，用脱臭酒精将酒度调至13度，进行后发酵，冷冻、过滤处理，然后配酒。

(2) 前发酵　接种人工培养酵母，加入18℃ 1%糖液，充分搅拌均匀，进行1次前发酵，温度控制在20℃左右，时间4天，每天注意倒汁1次。这种发酵温度低、时间短，果香突出，还可减少原酒中的甲醇。要求：酒度>3.5%（体积分数），总酸1.1%～1.9%，挥发酸<0.05%。2次前发酵质量要求：酒度>3.5%（体积分数），总酸1.1%～1.6%，挥发酸<0.05%。

(3) 后发酵　加入18℃10%糖液，温度控制在18～22℃，进行缓慢发酵，时间25天。当酒度达11%～18%（体积分数）、总酸0.9%～1.8%、挥发酸<0.08%、单宁<0.07%、残糖<0.5%时，后发酵结束。

(4) 储酒　经过后发酵的原酒转入专用桶进行储存。先分离1次，置于1℃条件下冷冻15天。再于低温下过滤后置于10℃左右储存。

(5) 蒸馏　2次发酵后分离的果渣，加入50%的糖，进行发酵，经3～4天发酵结束，此次得到的汁液为3次汁。果渣压榨汁为3次压榨汁，将两种汁混合后加糖继续发酵，当酒度达7～8度后，储存7天左右，进行蒸馏，可得到五味子白兰地酒，封存6个月以上才可食用。

（6）配酒　首先按 9∶1 的比例将发酵原酒与自流汁混合，进行稳定性观察试验后，再按要求调配好成品酒。

（二）五味子米酒的酿造技术

1. 工艺流程

五味子果实→挑选→清洗→热水浸泡→去皮→打浆→过滤→杀菌→冷却→果浆

优质大米→浸米→蒸煮→淋米→拌曲→糖化发酵→灭菌→冷却→成品

（果浆→淋米）

2. 操作要点

（1）北五味子果浆制备　选择果粒饱满的北五味子鲜果，用清水浸泡洗除表皮污物，打浆，过滤渣料，105℃灭菌 15min 后备用接种。

（2）浸米　大米以净水洗净，加入清水浸没，米和水的比例为 1.0（g）∶2.0［质量（g）与体积（mL）之比］。将大米放在 30℃的恒温生化培养箱中，浸米 24h，浸泡达到米粒外观由透明变白色，手捏即碎为宜。

（3）拌曲添浆　将浸泡好的大米用蒸锅蒸煮约 45min，蒸好的大米用约 20℃的凉水淋至室温，沥干水分后进行落缸，加入一定量的甜酒曲，搅拌均匀；然后加入一定量的北五味子果浆，搅拌均匀；在米饭中央位置挖出一个倒喇叭状的窝，以增加米饭与空气的接触面积，释放热量。

（4）糖化发酵　前期糖化温度 36℃，糖化时间 36～84h；糖化结束后，将糖化醪放于 20℃条件下保温发酵 24～60h。

（5）杀菌保藏　将米酒用发酵罐密封加热至 75℃左右杀菌 15～20min，保温 30s 后冷却，冷却后即制得北五味子米酒。

四、仙人掌酒的酿造技术与实例

1. 工艺流程

仙人掌果→清洗→去皮→打浆→酒精浸泡→分离→浸提汁→果渣蒸馏→

配制→过滤→装瓶→成品

↑

仙人掌浸提汁、红葡萄原酒

2. 操作要领

（1）原料选择与处理　选择新鲜仙人掌果，去除腐烂变质部分，清洗干净后去皮。加少量水将去皮的仙人掌打成浆，再加三倍于仙人掌浆量的 65%脱臭酒精，浸泡 30 天，期间每 3 天翻一次池，将几次浸泡液混合使用。分离后的果渣进行蒸馏，蒸馏液用于调配果酒。

（2）红葡萄原酒　按生产优质红葡萄原酒的正常发酵与储存工艺进行。

（3）配制　将红葡萄原酒和仙人掌果浸提汁根据不同质量按比例混合，添加香料，然后加入 0.5%的蜂蜜作澄清剂。

五、芦荟美容保健酒的酿造技术与实例

(一) 工艺流程

芦荟→洗净→消毒→处理→破碎→均质过滤→汁液→保存
大米→清洗→浸泡→蒸煮→拌曲、糖化→发酵→压榨→均质→米酒
（两者）→调配→灭菌→成品

（酵母→发酵）

(二) 操作要领

1. 原料选择与处理

选择新鲜芦荟，洗净，经消毒处理后进行破碎，均质过滤得到芦荟汁。大米清洗后浸泡 30min，蒸煮熟，然后拌曲、糖化，接种酵母菌进行发酵，压榨后得到米酒。

2. 调配

将米酒和芦荟汁按 9∶1 的比例混合均匀，加适量的稳定剂。

3. 过滤澄清

用板框压滤机过滤，过滤时加入 0.5%～1%的硅藻土为助滤剂。

4. 灭菌

在 121℃下进行超高温瞬时杀菌 3s。降温保存。

以米酒为主料，加入一定量的芦荟汁制成的酒有美容护发之功效。

六、青梅菊花酒的酿造技术与实例

(一) 原料 (以 1000kg 成品酒计)

青梅酒原液 858kg、药液 142kg、清香型调香剂 45mL、味精 27g、麦芽酚 30g、柠檬酸少量、叶绿素铜钠（视感官色质调整添加用量）。

(二) 工艺流程

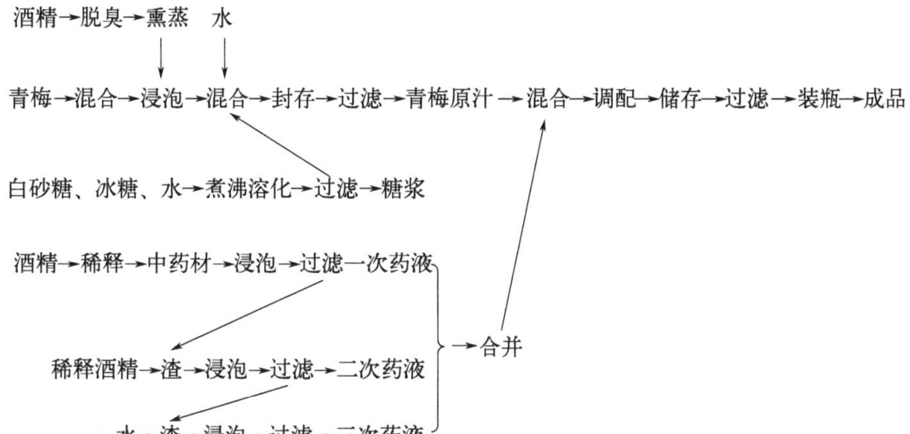

（三）操作要领

1. 酒精脱臭

用相当于酒精量0.1%的高锰酸钾及活性炭对酒精进行脱臭处理，再复馏，使之纯净无色，无异味和辛辣感。

2. 糖浆制备

将100kg白砂糖、50kg冰糖，放入100kg清水中，缓慢加热煮沸溶化，然后冷却过滤，制得200kg糖浆待用。

3. 青梅浸泡

将100kg青梅、200kg糖浆、286kg 95%的脱臭酒精、清水380kg，放入大缸内充分混合，封存三个月后过滤，可得858kg青梅酒原汁。

4. 中药材浸渍

将95%的酒精27kg加清水15kg，配制成65度白酒42kg，称取菊花3.5kg、陈皮600g、金银花400g、枸杞500g、玉竹400g、太子参600g，放置于盛有白酒的坛内与白酒混合，浸泡25天，中间搅拌数次，过滤后可得35kg药液。再配制65度白酒42kg浸泡滤渣7天，过滤得40kg药液，药渣内加入60kg清水，浸泡2h，过滤得67kg药液。将三次滤液合并得142kg药液。

5. 调配

将858kg青梅酒原液与142kg药液混合，加入清香型调香剂45mL、味精27g、麦芽酚30g、柠檬酸少量、叶绿素铜钠适量，总量控制在1000kg左右，搅拌均匀。

6. 储存、过滤、装瓶

将调配好的酒液在常温下储放1个月，吸取上清液，过滤装瓶，即为青梅菊花酒。

7. 巴氏灭菌

将成品酒于70～72℃下灭菌5～10min。

七、金银花酒的酿造技术与实例

（一）原料（以1000kg成品酒计）

金银花10kg、白术5kg、苁蓉5kg、白菊花5kg、太子参5kg、枸杞5kg、当归5kg、五加皮3.5kg、广木香3.5kg、甘草2.5kg、薄荷2.5kg、陈皮2.5kg、砂仁2.5kg、沉香2.5kg。

（二）操作要领

1. 提取金银花液

选择新鲜、干净、完整、气味清香的金银花作原料。称取所用量放入清洁容

器中，用酒度45～50度、味正醇和的白酒浸泡15天，中间搅拌3～4次，过滤得金银花酒液。

2. 提取药液

将药材经选择去杂后，按配方混合，置于洁净容器内，用酒度为55～60度、口味醇正的白酒浸泡2次，时间为1个月。将两次液合并澄清后待用。

3. 处理基酒

将1000kg优质白酒内加入0.1%～0.2%的活性炭混匀，24h后过滤，可得无色透明香味纯正的基酒。

4. 制备糖浆

将100L蒸馏水于锅中煮沸，加100kg碎冰糖，并加入相当于冰糖量0.8%的柠檬酸，充分搅拌均匀，使之溶解，趁热过滤得糖浆备用。

5. 蒸馏串香

将金银花酒液、药液、基酒充分混合，泵入釜式蒸馏甑底层中，将剩余的金银花、药材和香糟混合，均匀撒在蒸馏甑上层的竹帘上，打开蒸汽加热管，待蒸汽升腾时继续装瓶。注意装瓶要轻、松、薄、匀，不能发生压气和坠甑跑气现象。装好甑立即盖好盖进行串香蒸馏。缓慢蒸馏，分质分段取酒，以保证提香保质。

6. 配制

按不同比例将金银花基酒、调味酒、糖浆调配成小样，加浆稀释为40度，经吸附澄清后，进行品尝，取得最佳配方后再大量调配。

7. 吸附澄清

加浆稀释后会产生乳白色浑浊，再加入1%～2%的玉米淀粉，吸附12h，每2h搅拌一次，然后用硅藻土过滤机和棉饼过滤机串联过滤，可得澄清透明的酒液。

8. 储存后熟

将经勾兑调味的金银花白酒在低温下储存半年以后进行过滤。经检测无异味可装瓶出售。

八、李果金银花酒的酿造技术与实例

（一）原料

李果、金银花、五加皮、枸杞、白砂糖、柠檬酸等。

（二）工艺流程

药材→筛选→清洗　　　　糖→糖浆→过滤

　　　　　　　↓　　　　　　　　　↓

酒精→处理→浸泡→封存30天以上→混合→调配→澄清→灌装→成品

　　　　　　　↑

李果→清洗→预处理

（三）操作要领

1. 材料选择与处理

李果要选用新鲜、个大、肉质松脆的品种，将果实洗净后，置于锅内加少量清水，缓缓加热至果皮全部裂开（果肉不烂）。药材选择新鲜、无霉烂、无异味的金银花、五加皮、枸杞，去除杂质，洗净备用。酒精一定用活性炭和高锰酸钾进行脱臭处理后再使用。

2. 浸泡

将经处理的李果100kg、五加皮60g、金银花4kg、枸杞50g置于洁净的缸内，加入脱臭的95%的酒精400kg、清水67kg，充分混合后密封保存1个月以上。过滤可得到李果金银花原酒。

3. 制备糖浆

将100kg白砂糖、50kg冰糖，置于盛有100kg清水的锅中，缓慢加热煮沸溶化，趁热过滤，约得180kg的糖浆。

4. 配制

吸取李果金银花的上清液1026kg，加入180kg的糖浆，搅拌均匀，调整好风味，沉淀，再封存澄清半个月以上，最后进行灌装。

九、玫瑰花酒的酿造技术与实例

（一）原料

玫瑰花瓣、白砂糖、脱臭酒精等。

（二）工艺流程

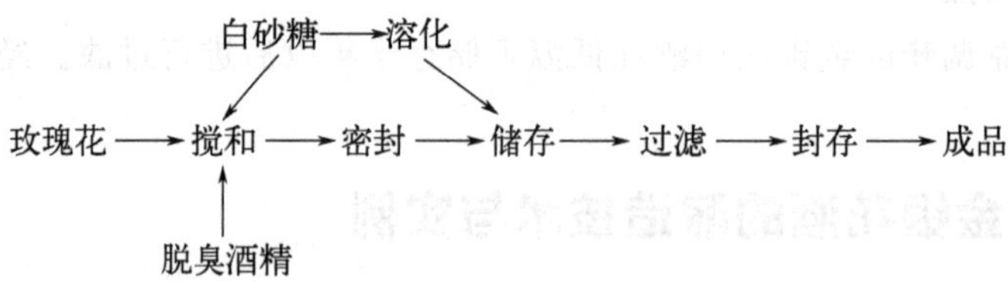

（三）操作要领

1. 原料选择与处理

选择新鲜干净的玫瑰花瓣，加适量的糖搅拌均匀，加酒精适量，再充分搅匀。

2. 浸泡

将所使用的酒精与搅碎的花瓣一同倒入瓶内，密封。放置一星期，并经常摇晃瓶子，使之充分浸渍。

3. 滤酒、储存

7天后，将上述酒过滤至深色玻璃瓶中，并加入糖浆，塞紧木塞，外面封蜡，储存8个月后，可开瓶调酒并饮用。

十、竹叶菊酒的酿造技术与实例

（一）原料

植物料：竹叶12kg、菊花612kg、枸杞2.512kg、陈皮0.512kg、薄荷2.512kg、广木香2.512kg、甘草0.512kg、砂仁0.512kg、檀香0.512kg、豆蔻0.512kg。

糖料：白砂糖8012kg、优质蜂蜜3012kg、蛋清液900mL。

酒精：按1000kg成品、酒度35度计算用量（包括浸泡植物料酒精）。

酒基调料：清香型白酒10%、清香型调香剂370mL、丙三醇900mL、柠檬酸370mL、乳酸160mL、味精74g，上述调料可依照酒的色、香、味加以调整。

（二）工艺流程

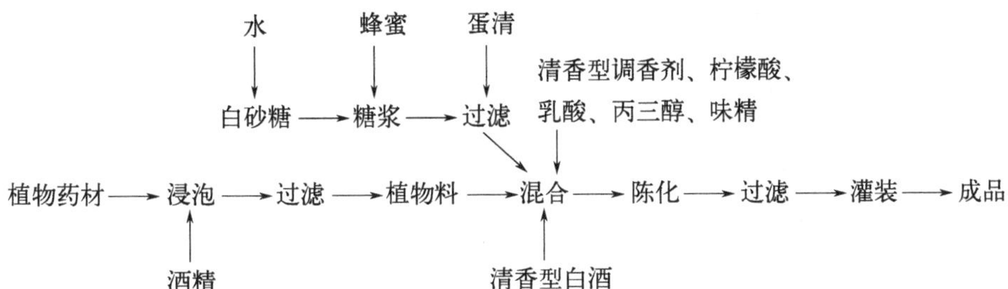

（三）操作要领

1. 原料选择与处理

选择新鲜、无霉烂的竹叶、菊花及各种中药材，去除杂质，清洗后分别用65～70度的酒精浸泡15天。中间搅拌数次，过滤后用新酒精再浸泡1周，再过滤，将余渣进行蒸馏，回收酒精液。将三次植物浸泡液合并、过滤、澄清备用。

2. 制备糖浆

将白砂糖加入40kg清水，加入调细的蛋清搅匀，缓慢加热制成糖浆，再加入蜂蜜搅拌均匀。

3. 调配

先将植物液、清香型白酒与基酒混合，然后加入糖浆、调味料，再加清水定量至1000kg，静置一定时间后进行过滤，测定酒度、糖度、酸度，按产品要求达到的标准进行适当调整，密封保存于库内6个月以上，然后过滤，品评化验后，再包装。

十一、松针竹叶酒的酿造技术与实例

（一）原料

植物料：松针 10kg、竹叶 510kg、枸杞 2.510kg、菊花 2.510kg、黄精 2.510kg、广木香 2.510kg、红栀子 2.510kg、薄荷 2.510kg、陈皮 0.510kg、豆蔻 0.510kg、砂仁 0.510kg、檀香 0.510kg。

糖料：白砂糖和冰糖共 40kg、优质蜂蜜 10kg、蛋清液 450mL。

脱臭酒精：按 1000kg 成品、酒度 35 度计算用量（包括浸泡植物料用的 65%～70%的酒精）

酒基调料：55 度清香型白酒 10%、清香型调香剂 120mL、丙三醇 250mL、柠檬酸 250g、乳酸 55mL、谷氨酸钠 45g。

（二）工艺流程

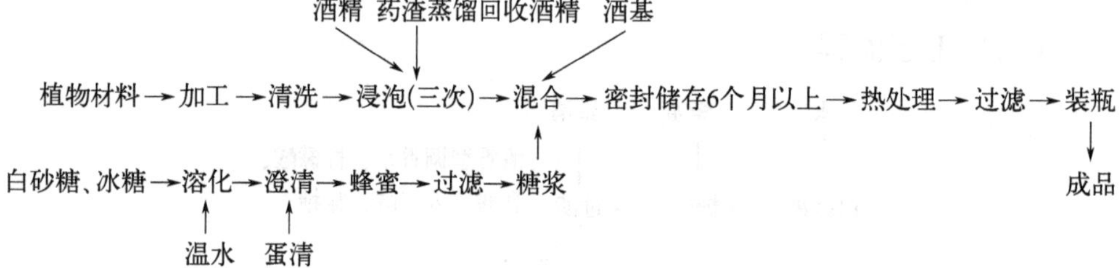

（三）操作要领

1. 原料的选择与处理

选择新鲜、无霉烂的植物材料为原料，去除杂质，清洗干净后分类浸泡，将酒度 65～70 度的酒精加入植物材料中使液面高于材料 15cm，时间 10～15 天，中间搅拌数次，过滤后用新酒精继续浸泡，5～6 天后再过滤（余渣蒸馏，回收酒精）。三次浸出液合并后澄清过滤，得到澄清明亮的药液。

2. 制备糖浆

将白砂糖、冰糖中加入 40kg 的清水，并与蛋清混合搅匀，缓慢加热熬成糖浆，再掺入蜂蜜搅匀、过滤。

3. 酒基

测定合并后药液的酒精浓度和数量、10% 55 度清香型白酒的数量，按配制 35 度成品酒的要求，计算所需 90%脱臭酒精数量。

4. 调配

先将植物药液、清香型白酒、调味料与酒基混合，然后加入糖液，再用软化水定容至 500L，充分混合均匀，再测定酒度、糖度、酸度，并根据风味和产品

的要求标准进行适当调整。

5. 储存

将调好的酒液密封储存6个月以上，使各种成分充分融合，味道谐调，然后吸取上清液过滤装瓶。若将酒液再置于52℃±1℃的条件下，热处理4～5天，口感会更好。

十二、蜂花酒的酿造技术与实例

(一) 工艺流程

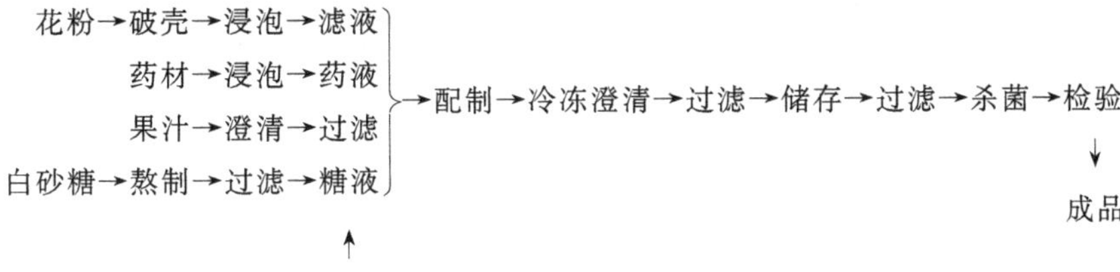

(二) 操作要领

1. 制备花粉营养液

首先用物理和化学的方法将花粉破壳，破壳率要达到70%以上，然后浸泡于75%的酒精中，提取营养。

2. 制备药液

将选好的药材浸泡于65度以上的优质白酒中，时间一般为15天，可根据室温的高低适当延长或缩短，以确保酒体的色、香、味。酒液用量为药材的10倍。然后用几层纱布过滤可得药液。

3. 制备果汁

选择新鲜成熟度适宜的猕猴桃果压榨取汁，加入适量的果胶酶进行澄清，吸取上层清液进行杀菌备用。

4. 制备糖液

先将相当于白砂糖1/2量的水放入夹层锅中煮沸，再加入白砂糖，白砂糖溶化后即加入0.05%的柠檬酸，继续加热至糖液沸腾，保持5～10min，糖浆呈微黄色的黏稠状液体，出锅后加入一定量的稀释蜂蜜并过滤，备用。

5. 配制

将花粉营养液、药液、果汁、糖液按一定比例混合，充分搅拌，然后测糖度、酸度、酒度，并进行感官评价，与标准样品比较，再适当调整，而后下胶冷冻处理2～3天，过滤后陈酿3个月。对陈酿后的酒液再过滤一次。杀菌后经检验合格即为成品。

十三、菊花类酒的酿造技术与实例

（一）菊花酒

1. 工艺流程

菊花→浸泡（50%酒精）→过滤→菊花浸提液

↓

糯米（加水）→蒸煮→糖化发酵→前发酵→后发酵→糯米酒→勾兑→调配→

↑（糖化曲、活性干酵母→糖化发酵）　↑（菊花→后发酵）　↑（菊花蒸馏液→勾兑）

糖化曲、活性干酵母　　菊花

菊花（加水）→蒸馏→菊花蒸馏液

热处理→储存→装瓶→杀菌→贴标→包装→成品

2. 操作要领

（1）原料选择与处理

① 菊花浸提液。称取5kg新鲜的菊花，浸泡于100L 50%的食用酒精中，每天搅拌2次，每次15min，浸泡20天后过滤备用。菊花渣可继续浸泡1次，得到滤液，将两次浸泡液合并得到菊花浸提液。

② 糯米粉碎、蒸煮、糖化。称取优质糯米50kg，粉碎后加入200L食用水进行调浆，然后煮熟并保持10min，再冷却至65℃，加入黑曲霉UV11糖化曲5kg，糖化3min，得到糖化醪。

③ 菊花蒸馏液的制备。将菊花入甑并加入10倍的食用水进行蒸馏，收集蒸馏液，有效蒸馏液按1kg菊花与1L蒸馏液的比例收集，余下的菊花加入糯米后发酵酒中。

（2）糯米酒精发酵

① 前发酵。待糖化醪液的温度下降至30℃时，接种活性干酵母0.25kg，搅拌均匀，于25℃下进行酒精发酵。一般接种后24h开始发酵，每天将醪液搅拌3～4次，使其上下发酵均匀，注意将醪液的温度控制在35℃以下。7天后，米粒下沉，酒液澄清，气泡明显减少，前发酵结束。

② 后发酵。在发酵酒中加入4kg菊花，搅拌均匀，温度控制在20℃，进行后发酵，时间约20天，测酒度大于10%时，后发酵结束。过滤后即得到糯米发酵酒。

（3）勾兑、调配、陈酿　将菊花浸提液、糯米发酵酒、菊花蒸馏液按50L∶150L∶2L的比例混合一起并加入6kg蔗糖、800g柠檬酸、2g维生素C，充分搅拌均匀即为菊花酒，再加热至60℃，泵入缸内于自然条件下陈酿30～45天，进行酯化、氧化。

（4）过滤、灌装、杀菌　将陈酿后的菊花酒用硅藻土过滤机过滤，然后装

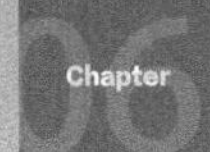

瓶，于65℃下水浴30min杀菌，贴标、包装即为成品。

(二) 菊茶酒

1. 工艺流程

茶叶→煮沸→过滤→茶汁
菊花→煮沸→过滤→菊汁
蜂蜜→稀释→过滤 ⎬→配制→下胶→过滤→灌装→杀菌→成品
黄酒、酒精
糖浆、柠檬酸

2. 操作要领

(1) 制备茶汁　将茶叶放入20倍的水中煮沸2～3min，过滤得茶汁，余渣加入10～20倍的水再煮沸同样的时间，过滤的茶汁与上次汁合并备用。

(2) 制备菊花汁 将菊花放入20倍水中煮沸2～3min，过滤后再煮一次，方法同上，两次汁合并待用。

(3) 制备明胶液　将明胶置入10倍量的水中浸泡12h，换水加热至70～80℃，不断地搅动使之溶解，制成10%的明胶溶液。

(4) 配制　将茶汁、菊花汁、稀释蜂蜜、黄酒按比例混合，用脱臭酒精调整酒度，糖浆调整糖度，其他辅料调整酒的色、香、味和型，使之达到指标要求。

(5) 澄清、灌装　加明胶液于酒中进行澄清，过滤后灌装。经巴氏杀菌即为成品。

十四、花粉葡萄酒的酿造技术与实例

(一) 工艺流程

白葡萄原酒→冷冻→过滤→配酒→化验→粗滤→处理→浸提花粉→搅拌→静置→分离→酒液→过滤→抗氧化剂→装瓶→封装→成品
↓
沉淀→分离→残渣

(二) 操作要领

1. 花粉选择与处理

选用槐花粉、山楂花粉、水飞蓟花粉、黄芪花粉等单一花粉或复合花粉，用破壁释放工艺处理花粉。

2. 花粉葡萄酒的净化处理

为使花粉葡萄酒澄清透明，采用静置分离和过滤多次的方法，用高浓度的乙醇浸提花粉。

3. 酒基选择

花粉葡萄酒属于加香型葡萄酒，应具有白葡萄酒的基本特点，并有花粉的色、香、味及营养。应选用白葡萄酒作酒基，不能选红葡萄酒，因为花粉的色泽与其颜色不相称，而且红葡萄酒香气浓郁、涩味重，会掩盖花粉的特征；还有花粉中某些蛋白质成分会与红葡萄酒中的单宁凝聚，使产品的品质和保存时间受影响。

十五、玫瑰马奶露酒的酿造技术与实例

（一）工艺流程

选花→称重→研磨→原料添加→加入酒基→静置浸提→过滤→感官评定→理化测定→成品

（二）操作要领

1. 原材料预处理

挑选出完整无枯叶、花朵稠密无虫眼、肉质厚实的玫瑰花瓣，将干玫瑰花瓣置于研钵中进行研磨。

2. 浸提

将研磨后的花瓣放入玻璃瓶内，随即加入马奶酒，完全密封，25℃静置24h。

3. 过滤

待浸提结束后，用400目滤布过滤残渣，得到澄清透明且无杂质的玫瑰马奶露酒。

十六、玫瑰花渣黄酒的酿造技术与实例

（一）工艺流程

玫瑰花渣→提取→过滤→杀菌→加糯米→酵母活化→发酵→澄清→杀菌→灌装

（二）操作要领

1. 花渣提取液

玫瑰花蒸馏玫瑰精油后的剩余物中加入1：3的水，在60℃下提取1h，过滤得到提取液，在85℃灭菌30min。

2. 糯米

将糯米淘洗后加入1：3的水，浸泡24h至米粒膨胀，沥水后，蒸1h，蒸米凉至室温后备用。

3. 酵母活化

需将酵母按1：5加入4%糖水，在38℃的温度下活化30min。

4. 发酵物

玫瑰花提取液与糯米以1：1配比，按总量加入1%酵母。

5. 发酵

在发酵缸中，前两天开口发酵，每隔 12h 搅拌一次，后面采取密封式发酵 30 天。

6. 澄清

澄清酒，用膜过滤。

7. 灭菌

过滤的酒，用高温瞬时灭菌后灌装。

十七、甜椒薄荷酒的酿造技术与实例

（一）工艺流程

甜椒、薄荷→洗涤→榨汁（料水比 1∶1）→过滤→甜椒汁、薄荷汁混合→装罐→成分调整→巴氏灭菌→接种→主发酵→固液分离→低温储存→过滤→成品

（二）操作要领

选取新鲜的甜椒与薄荷，小心清洗甜椒后，除去甜椒里面的心，将甜椒（薄荷）放入榨汁机中榨汁（料水比 1∶1），并加入 0.08%维生素 C 用于护色，用四层纱布过滤掉榨汁剩下的残渣，利用柠檬酸将果汁的 pH 调整为 4.0；按照一定比例将甜椒汁、薄荷汁装入发酵罐内，加糖调整到试验所需糖度并加入 0.01%偏重亚硫酸钾后巴氏灭菌（65℃、30min），待冷却按体积分数接入一定量经扩大培养后的酵母菌悬液（1.32×10^7CFU/mL），在一定温度条件下发酵，主发酵 8 天结束；固液分离后 15℃储存 10 天，以四层纱布过滤后得到成品。

十八、洛神花混合果酒的酿造技术与实例

（一）工艺流程

原料挑选→破碎榨汁→添加试剂（偏重亚硫酸钾、果胶酶）→混合（添加洛神花汁、活化酵母和糖）→主发酵→倒罐→后发酵→下胶→成品

（二）操作要领

1. 原料挑选

选取成熟度适宜、表皮完好的新鲜水果及颜色鲜艳的洛神花干，剔除品质不佳的原料。

2. 破碎榨汁

苹果去核、菠萝去皮，切成小块粉碎后，果汁以体积比 1∶1 混匀。为防止苹果氧化应迅速灌装或在榨汁过程中按 100L 加入 12～20g 偏重亚硫酸钾。

3. 添加试剂

添加少量偏重亚硫酸钾抑制杂菌，再添加果胶酶以保证出汁率与澄清度，静

置24h使果胶酶充分作用于原液。加糖时，用果汁溶解后再将其均匀撒入发酵液中，以保证发酵体系中糖浓度的均衡。

4. 洛神花汁制作及与果汁混合

将洛神花干和纯净水按1∶100［质量（g）与体积（mL）之比］的比例于沸水中浸提10min，冷藏备用。将果汁与洛神花汁按照体积比1.5∶1进行混合。

5. 活化酵母

将葡萄酒干酵母溶于10倍体积的1%蔗糖水溶液，于35℃水浴活化30min。

6. 主发酵、倒罐、后发酵

将活化好的酵母加入发酵液后封闭罐口，于24℃环境（波动不大于5℃）发酵一周，每日早晚监测温度。一周后（即主发酵结束）立即倒罐，弃下层沉淀。倒罐后加少量偏重亚硫酸钾，在10℃下密封陈酿2个月即为后发酵。原酒的陈酿是果酒的一个成熟过程，在此期间，果酒的香气、口感以及内含成分都在不断变化，目的是使果酒整体协调、均衡。发酵结束后刚获得的果酒，酒体粗糙酸涩，饮用品质较差，经过一段时间的陈酿，口感才会更加醇厚完整。

7. 下胶

果酒除具有良好的风味外，还必须有良好的澄清度。为缩短生产周期、加速酒体澄清，可采用下胶澄清的方法。所谓下胶，就是向酒体中加入亲水胶体，使之与酒体内的胶体物质和单宁、蛋白质以及金属复合物、某些色素等发生絮凝反应，并将这些物质除去，使酒体更加稳定。澄清剂的选择多样，明胶、蛋清、鱼胶、硅藻土等材料都可用于下胶。如果采用蛋清下胶，用量为每1000L果酒20个蛋清。

8. 成品

在80℃下灭菌25min。

十九、黑果腺肋花楸-桤叶唐棣复合米酒的酿造技术与实例

（一）工艺流程

黑果腺肋花楸→分选→清洗
桤叶唐棣→分选→清洗
糯米→分选→清洗→浸泡→蒸煮→冷却
→混匀→拌曲→发酵→榨酒→澄清

（二）操作要领

1. 黑果腺肋花楸、桤叶唐棣的分选与清洗

挑选无病虫害、无霉烂、成熟度好的黑果腺肋花楸和桤叶唐棣鲜果，以流水冲洗干净，沥去水分。

2. 黑果腺肋花楸与梠叶唐棣的混合、破碎

将清洗干净的黑果腺肋花楸与梠叶唐棣按质量（g）比 1∶1 混合、破碎，充分混匀后添加 30μg/L 左右的二氧化硫。

3. 糯米的清洗与浸泡

去除糯米中的杂质，用清水淘洗 2～3 次后，按 1∶3 的比例加入清水浸泡 20～22h，泡好的糯米手指碾压即碎。

4. 蒸米

将泡好的糯米从水中捞出，放入蒸锅中蒸煮 18～20min，蒸好的米取出摊开，用 20℃左右凉开水淋冷至室温。

5. 拌曲发酵

向冷却至室温的熟糯米中加入 1.2%酒曲和 55%的黑果腺肋花楸与梠叶唐棣混合果浆，搅拌均匀、压实后，在中间位置挖出倒喇叭形窝，于 27℃下密封发酵 5 天。

6. 榨酒、澄清

将发酵后的米酒压榨，用 200 目滤布进行固液分离，过滤出的液体在 3～5℃静置 4 天左右进行澄清处理。

二十、桂花啤酒的酿造技术与实例

（一）工艺流程

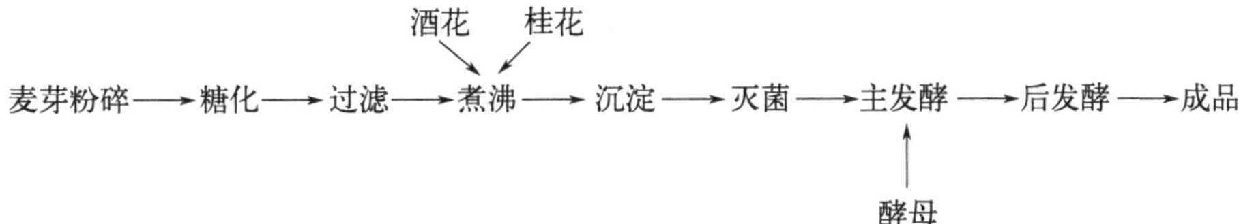

（二）操作要领

1. 麦芽粉碎

大麦芽用麦芽粉碎器粉碎，要求粉碎至皮壳破碎，粗细粉比例控制在 1∶3 左右。

2. 浸出糖化法糖化

按 1∶4 的料水比添加水，37℃下加入糖化锅，充分搅拌，升温至 50℃ 保温 30min，升温至 65℃保温 60min，再次升温至 78℃保温 15min 左右。每隔 5～10min 做一次碘试，直至样品不变蓝说明糖化完全。期间需不断搅拌，控制原麦汁糖度为 12°Bx。

3. 过滤

先将糖化醪用 200 目滤布进行过滤，待过滤快结束时，在 78℃下分两次水洗表面。

4. 煮沸(加酒花和桂花)

将滤液加热，温度升至100℃进行煮沸。在煮沸过程中添加总量0.1%的啤酒花、桂花，分2次加入，间隔60min，煮沸时间控制在75min。第1次添加时间为沸腾后10min，第2次添加酒花、桂花后，用糖度计测定麦芽汁浓度，麦汁糖度为12°Bx时，煮沸结束。

5. 沉淀分离、灭菌

麦汁静置10min，使热凝性蛋白质凝固，进行离心过滤，去除酒花、桂花渣和沉淀物。灭菌处理。

6. 啤酒酵母的活化

称麦汁0.1%左右的安琪活性干酵母，加2%糖水(酵母质量的10倍)，搅拌使其溶解，恒温活化30min，每隔10min搅拌1次。

7. 发酵及装罐

将酵母加入麦汁中，摇动，并转移至锥形瓶中，进行主发酵，温度为12℃。当糖度降为5°Bx时进行后发酵，弃去下层沉淀废渣，将其置于4℃冰箱中冷储、成熟。8天后，过滤，装罐，巴氏杀菌。

第二节 花卉(观赏植物)的制醋技术与实例

一、芦荟醋的酿制技术与实例

(一)工艺流程

浓芦荟汁→酒精发酵→过滤→稀释→醋酸发酵→过滤→后处理→杀菌→灌装
↑(水、蜂蜜) ↑(醋酸菌)

水、蜂蜜　　醋酸菌

(二)操作要领

1. 原料选择与处理

选取新鲜芦荟叶用清水洗干净后榨汁。将蜂蜜用水稀释2.5倍，加入芦荟汁中，二者比例为4∶1。对黄酒活性干酵母进行活化。

2. 酒精发酵

在调整好的芦荟汁中接种0.2%的活化黄酒活性干酵母进行酒精发酵，温度控制在25℃，发酵7天左右。然后过滤。

3. 醋酸发酵

将上述发酵液稀释，使酒精含量为4%～5%，然后接种10%的醋酸菌，于

30℃下进行醋酸发酵，时间约5天。后用过滤器进行过滤。

4. 调配

在过滤液中加入柠檬素0.2%，甜菊糖0.015%，蛋白糖0.02%，苹果酸0.15%，A-K糖0.02%，醋液30%，柠檬酸钠0.02%。

5. 杀菌、灌装

杀菌、灌装后即为风味纯正、酸甜可口的醋饮料。

二、杜仲叶醋的酿制技术与实例

（一）工艺流程

杜仲叶→干燥→粉碎→酶解→灭酶灭菌→冷却→乙醇发酵→醋原液→澄清→装瓶→灭菌→成品

（二）操作要领

将新鲜的杜仲叶在55～60℃下进行干燥，用粉碎机进行粉碎，过40目筛。在45℃、料液比1∶10（质量与体积之比）、酶的添加量0.1%条件下，酶解2h。加葡萄糖和麸皮，121℃灭菌30min。冷却后，接入0.3%醋酸前发酵剂，28℃进行乙醇发酵3天。80℃巴氏杀菌15s，接入12%乙酸菌，32℃ 200r/min发酵4天，得到醋原液。澄清、装瓶、灭菌后得到成品。

三、玫瑰鲜花醋的酿制技术与实例

（一）原料

酿造白米醋，重瓣红玫瑰鲜花，食用白砂糖，酶制剂a、b、c，食盐等。

（二）操作要领

1. 玫瑰鲜花瓣

挑选无腐烂、不枯萎、无病虫害、不施用农药的重瓣红玫瑰花朵，人工摘取花瓣，弃去花蒂。

2. 预处理

将玫瑰花瓣挑选出异物，经风动弃尘灰，切碎至宽4～6mm的条状，增加酶的接触面积，提高酶对玫瑰鲜花组织结构的水解，使玫瑰红花青素充分溶出。

3. 糖渍

在切碎的玫瑰花瓣中加入与花瓣等重的白砂糖，期间不断搓揉搅拌，使鲜花瓣水分溶解的白砂糖糖液渗透进入玫瑰鲜花组织中，糖渍24h，缩小玫瑰鲜花体积，破坏鲜花瓣组织结构，糖液渗透压让花青素及鲜花营养成分溶出。

4. 加酶液水解

把加热到50℃的水调整pH至4～5，添加酶制剂，再加入玫瑰鲜花酱中并搅拌均匀，温度保持在40～50℃，让酶水解72h，期间定时搅拌，降解鲜花组织结构，使鲜花组织细胞内玫瑰红花青素及鲜花成分进一步溶出。

5. 醋液萃取

按照比例加入醋液萃取72h，让玫瑰红花青素充分溶解到醋液中。

6. 过滤

过滤除去脱色后的鲜花组织。

7. 调配

根据感官评价需要，调整相应的配料，使色泽、香气、滋味、体态达到最佳状态。白砂糖的添加量＝糖渍用糖＋调配用糖。

8. 灭菌

将玫瑰鲜花醋加热到80℃，保持5min，杀灭玫瑰鲜花醋中的有害微生物及灭活酶。

9. 沉淀

让灭菌后的玫瑰鲜花醋中的过滤残留的鲜花组织、微生物菌体和酶制剂凝絮沉淀，得到玫瑰深红色、澄清、透亮的玫瑰鲜花醋产品。

10. 灌装

将玫瑰鲜花醋灌注到玻璃包装容器中，密封，放置于阴凉干燥室内储存。

四、桂花红枣果醋的酿制技术与实例

（一）工艺流程

鲜桂花→分拣除杂
干红枣→清洗晾干→去核→破碎
} 混合→浸提→过滤→浸提液→调配→杀菌→冷却→接种酵母菌→酒精发酵→过滤→桂花红枣酒→调配→接种醋酸菌→过滤澄清→桂花红枣醋

（二）操作要点

选取无虫完整的鲜桂花，分拣除杂。干红枣清洗晾干后，去核，用破碎机进行破碎。将桂花和干枣碎混匀后，加水浸提一段时间。过滤，在浸提液中加入糖进行酸度调节。巴氏杀菌后，冷却，接入酵母菌进行酒精发酵，得到桂花红枣酒。取100mL经过调配初始酒精含量为6%（体积比）的桂花红枣酒装入250mL的三角瓶中，分别加入灭菌的葡萄糖1%、果糖1%、蔗糖1%，接入8%的醋酸菌活化种子液搅拌均匀，调节pH至5.0，30℃振荡发酵，转速为160r/min，每隔24h测定发酵液的总酸含量（以乙酸计），直到总酸含量基本不变时发酵结束。加葡萄糖1%、磷酸二氢钾0.05%、硫酸镁0.05%，调配酒醪灭菌和不灭菌进行对比发酵。

五、白菊薄荷红茶调味醋的酿制技术与实例

（一）工艺流程

红茶+贡菊+薄荷→浸提液（加入白砂糖）→高温灭菌→接种发酵→发酵液离心→脱气→灭菌→灌装→封盖→冷却→成品

（二）操作要点

以红茶、黄山贡菊、薄荷叶和白砂糖为原料，再以一定的比例倒进水壶，加入1L蒸馏水，煮沸后保持50min，然后冷却，使用八层纱布进行过滤，再加入蒸馏水定容到原来体积，混匀。再经过121℃高温灭菌20min，使之冷却到室温，再倒入标有刻度的发酵罐中，平均每罐150mL，乳杆菌混合活化后，将10%的混合菌种发酵液接入发酵罐中，37℃厌氧发酵48h，制得发酵醋。

07 Chapter

第七章 家庭用果蔬花卉酿酒制醋技术与实例

本章介绍了果蔬及观赏植物的家庭酿酒制醋技术与实例，方法简便易行。每个家庭都可以根据自己的实际情况，就地取材，自行制作。

第一节 家庭用果蔬花卉酿酒技术与实例

一、自制苹果酒

（一）自制发酵型苹果酒

1. 原料

苹果、葡萄汁、白砂糖、果胶酶、酵母、食用盐、水。

2. 制法

将 2.3kg 苹果洗净，去除果核，切成碎块，放置盛有 3.5L 开水的锅中，用文火煮 15～20min，滤出果汁。向果汁内添加 800g 白砂糖和 300mL 浓缩葡萄汁，充分搅拌，使糖溶化。待温度下降至 20℃时，加入适量的果胶酶、酵母和食用盐。将其装罐，加水补足到 4.5L，搅拌均匀，装上气塞，在最适宜的温度下发酵。发酵结束后，将酒液虹吸至另一罐中，储存陈化 3 个月以上，方可饮用。

该酒甜中带微酸，非常可口，苹果性质平和，可经常饮用。

（二）自制勾兑型苹果酒

1. 原料

苹果、白酒。

2. 制法

将苹果 250g 去除皮、核，切碎后放入 500g 白酒内，密封，每日振动摇晃一次，浸泡 7 日后，即可饮用。

二、自制杏酒

（一）原料

鲜杏、白砂糖、白葡萄汁、柠檬酸、葡萄单宁、果胶酶、酵母、食用盐、水。

（二）制法

将去除果核的鲜杏肉 1.8kg 放入发酵罐内捣碎，将 3L 水烧至沸腾后冷却，加入柠檬酸两茶匙、白砂糖 0.575kg、葡萄单宁 1/4 茶匙、浓缩的白葡萄汁 250mL，以及适量的果胶酶、酵母及食用盐，搅拌均匀后注入罐内。将罐密闭，发酵 4 天，每天搅拌两次，4 天后将发酵液过滤至另一干净罐中，用凉开水加满至 4.5L，再加 0.575kg 白砂糖，装上气塞，直到发酵结束后，把酒液虹吸至另一容器中，自然陈化 6 个月后即可饮用。

该酒甜中有酸，非常可口，但不可多饮，若多饮会伤筋骨，要适量饮用。

三、自制梨酒

（一）原料

梨、白酒。

（二）制法

称梨 500g，将其皮、核去除，切成小块，放入 1kg 白酒内，密封，常振动摇晃，浸泡 7 日后即为梨酒。

四、自制刺梨酒

（一）原料

刺梨、米酒。

（二）制法

取刺梨 250g，洗净并晾干，捣碎绞汁。将刺梨汁加入 500g 米酒中，搅拌均匀，即可饮用。

五、自制青梅酒

（一）原料

青梅、白酒。

（二）制法

取青梅若干，洗净沥干水后，放入 500g 白酒中，以酒的液面高出青梅 5cm 为度，密封，浸泡一个月后，即可饮用。

六、自制杨梅酒

（一）原料

杨梅、白酒。

（二）制法

取鲜杨梅若干，洗净沥干后，放入 500g 白酒中，以酒液浸没杨梅为度，密封，浸泡半个月后可饮用。

七、自制山楂酒

（一）自制鲜山楂酒

1. 原料

新鲜山楂、白酒。

2. 制法

称新鲜山楂 500g，将其洗净，去核取果肉，放入 1kg 白酒中，密封，浸泡 3 日后，可饮用。

（二）自制干山楂酒

1. 原料

干山楂、白酒。

2. 制法

将适量干山楂洗净，去核，放入容量为 500mL 的细口瓶中，约装半瓶，加入 60 度白酒至满瓶，密封，每日振摇一次，浸泡 7 日后，即可饮用。边饮边加白酒。

（三）自制山楂酒

1. 原料

干山楂、白酒。

2. 制法

干山楂 250g 洗净，去核，切片，放入 500g 白酒中，密封，浸泡 7 日后即可饮用。

八、自制荔枝酒

（一）原料

荔枝、陈米酒。

（二）制法

称取荔枝果肉（去壳，去核）500g，放入1kg陈米酒中，密封，置于阴凉处，浸泡7日后即为荔枝酒。

九、自制佛手酒

（一）原料

佛手、白酒。

（二）制法

称佛手30g，洗净，用清水浸泡软后，切成小方块，待其表面水晾干，放入1kg白酒中，密封，每隔5天搅拌一次，浸泡10日后，去渣，即为佛手酒。

十、自制金橘酒

（一）原料

金橘、蜂蜜、白酒。

（二）制法

取金橘200g，洗净并晾干，然后将其拍松或切成瓣，再取40g蜂蜜一同加入500g白酒内，密封，浸泡两个月后，即为金橘酒。

十一、自制橙酒

（一）原料

甜橙、黄酒。

（二）制法

取甜橙1个，去除皮、核，捣碎绞成汁，加入黄酒10～20g，再加温开水适量，调和而成。

十二、自制桑葚酒

（一）自制发酵型桑葚酒

1. 原料

桑葚、明胶（蛋清、藻土也可）。

2. 制法

挑选新鲜、色泽乌黑的大粒桑葚果实，洗涤干净后稍晾干，破碎压榨取汁，按每1000g桑葚汁加水70～90g的比例，加水发酵。因桑葚成熟期为6月，发酵时，室内常温即可满足要求。发酵时间一般为 24～30h。

换罐，进行后期发酵，将粗酒中的残糖继续发酵为酒。待酒液自然澄清后发酵便已完毕。将上清液取出，加入适量的明胶（或蛋清及藻土等）进行过滤，便可得到深红、透明的桑葚酒。如果再陈酿半年，味道会更佳。

（二）自制勾兑型桑葚酒

1. 原料

新鲜桑葚、白酒。

2. 制法

取 100g 鲜桑葚洗净、捣烂，连汁一起放入 500g 白酒中，密封，浸泡 3 日后可饮用。

十三、自制香蕉酒

（一）原料

香蕉、淀粉酶、酵母。

（二）制法

将成熟的香蕉去皮，搅拌成泥浆状，放入加热器（锅）内，边搅拌边升温至 50～55℃，然后加入淀粉酶。快速升温到 65℃，使酶完全失去活性。再将温度下降至 25℃。移入罐中，加入酵母搅拌均匀，将温度保持在 25℃，继续搅拌，让其发酵。若香蕉成熟度很好，自身含糖量在 23%～24%，可不必加糖；若香蕉成熟度低，含糖量少，可适当加入一些白砂糖。待发酵完成，便停止搅拌，将发酵醪静置。香蕉液发酵旺盛时，会产生大量的泡沫，香蕉果肉和微细纤维周围充满 CO_2，出现浮出物。浮物下面便是透明或微有浑浊的含有酒精的香蕉原果酒。经过滤，便可得到香蕉酒。若再将其蒸馏，则可制得香蕉蒸馏酒。

该酒酒度约在 14 度，具有异戊酸、异戊酯香气和香蕉的原有风味，香甜可口。

十四、自制樱桃酒

（一）自制发酵型樱桃酒

1. 原料

樱桃、红葡萄汁、白砂糖、酒石酸、葡萄单宁、果胶酶、酵母、食用盐、水。

2. 制法

将 2.3～2.7kg 樱桃洗净，放入罐中捣碎，加入 3.5L 开水，密封。冷却后，

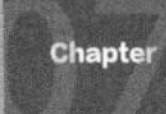

加入适量的果胶酶、一茶匙酒石酸、1/4茶匙葡萄单宁、900g浓缩葡萄汁、适量食盐和450g白砂糖，搅拌均匀，使糖溶化。再加入适量酵母，拌匀，将罐密封，发酵5天，每天搅拌两次。5天后，过滤，装入发酵缸。在过滤液中再加入450g的白砂糖，加凉开水至4.5L，搅拌均匀。装上气塞，进行发酵。发酵结束后，储存陈化一定时间，即可饮用。

（二）自制勾兑型樱桃酒

1. 原料

樱桃、白酒。

2. 制法

称取一定量的鲜樱桃，用凉开水洗净后放入瓶内，加入白酒至浸没樱桃为度，密封，埋藏于阴凉处的土壤中，深0.5m。待冬季冷冻时取出，过滤可得樱桃酒，并留渣备用。

十五、自制西瓜酒

（一）原料

西瓜、白砂糖。

（二）制法

把西瓜洗净后削去外皮，西瓜瓤捣烂成汁，加入白砂糖，把糖度调整到20%～22%。把西瓜汁倒入不锈钢锅里加热至70～75℃，并保持这个温度20min左右。此处应避免使用铁锅，否则会影响西瓜酒的品质。把加热好的西瓜汁静置冷却，用消过毒的吸管吸出上层清液，放入干净的大玻璃瓶中，随即加入3%～5%的酒曲。为了防止发酵过程中发生酸败，每100kg西瓜汁还可以加入11～12g硫酸钠。玻璃瓶的瓶口处盖一个干净的东西，防止异物落入瓶中即可，不要密封。然后把瓶子放在25～28℃的环境中，发酵至不再有气泡产生时，把瓶口密封住，再继续放至后发酵过程结束，全过程需要15天左右。按酒汁的多少取适量白砂糖，白砂糖用量约为酒汁的10%，把白砂糖加少量水煮成糖浆，冷却后倒入酒汁内混合均匀即成。

十六、自制覆盆子酒

（一）原料

新鲜覆盆子果实5000g、白砂糖1000g。

（二）制法

覆盆子冲洗干净后再用盐水泡10min左右，捞出再次冲洗干净并晾干水分。

玻璃瓶及瓶盖冲洗干净，用开水煮 10min 左右再取出控干。晾干水分的覆盆子装入玻璃瓶里，用消过毒且无油无水的筷子捣碎，最多只能装 7 分满。盖上瓶盖，注意不能拧紧，要让发酵产生的气体能自由跑出瓶子。把瓶子放在比较温暖的暗处，每天搅拌 2 次，大约发酵两天后加入白砂糖，继续每天搅拌 2 次。发酵 10 天以后，如果观察到玻璃瓶中已经不再有气泡冒出，飘在上面的覆盆子也开始慢慢下沉时，用消过毒的干净纱布滤出覆盆子扔掉。滤出来的酒汁比较浑浊，但喝起来已经有红酒的味道了，密封后放在阴凉通风处静置半个月以上，当发现酒汁变得清澈透明时，采用虹吸法将上层的透明酒汁吸入其他容器中，再密封静置一周左右。此时底部还有少量的沉淀，再次使用虹吸法将上层的透明酒汁吸入其他容器中即可。至此，覆盆子酒已算酿造结束。若想得到风味最佳的覆盆子酒，建议加入适量高度白酒将酒度调到 15 度以上，密封严实后放在阴凉通风处，经过 3 个月以上的陈酿再取出饮用。

十七、自制黑枣酒

（一）原料

黑枣 200g、上等黄酒 200g、冰糖一汤匙（大约 30g）。

（二）制法

黑枣洗净晾干，放入容器内。加入冰糖。倒入花雕酒。盖上密封盖，放阴凉处。7 天左右就可以打开品尝，泡的时间越长越好，泡一两个月，酒液就会有点黏稠，非常醇厚。

十八、自制草莓酒

（一）原料

草莓 1000g、白砂糖 500g、白酒适量。

（二）制法

挑选新鲜成熟的草莓，洗净，摘去果蒂，沥干水分。准备玻璃容器，把草莓和白砂糖一层一层铺好，大一点的草莓切成几块。加入白酒，没过草莓，约 3 周后，草莓脱色，取出草莓即可饮用。每日 2 次，每次 10～20mL。

十九、自制桂圆酒

（一）原料

桂圆肉 200g、高度白酒 500mL。

（二）制法

将桂圆肉洗净，去水分放入细口瓶内，加入白酒，密封瓶口，每日振摇一次，半月后即可饮用。

二十、自制石榴酒

（一）原料

新鲜石榴、冰糖、纱布、玻璃瓶、高度白酒。

（二）制法

选择新鲜饱满的石榴，洗干净外皮，剥出石榴籽，膜要去除干净。把石榴汁液挤出来，但不能用搅拌机打碎，里面籽碎了会影响酒的口感。然后将捣碎的石榴装瓶，一层冰糖一层石榴，最后放入高度白酒密封，贴好标签注明时间。放置30天左右，就可以饮用了。

二十一、自制朗姆酒

（一）原料

甘蔗3根、凉开水或纯净水10kg、酒曲15g、白砂糖1000g（2斤）。

（二）制法

首先把甘蔗榨汁或擦成碎块，放入陶瓷或玻璃容器里。加纯净水淹没甘蔗渣，再加入酒曲和白砂糖，两斤白砂糖可以隔天加一些，逐渐加完，目的是强壮酵母。把容器盖上盖放入温暖处，一周后会有酒味，一个月左右就可以蒸馏了。蒸馏出酒时的酒头、酒尾都可以不要或倒掉，中间流出的是白色高度酒。将中间酒密封存放半年到一年，口感更好。制作的朗姆酒有明显的甘蔗味和酒精味。

二十二、自制猕猴桃酒

（一）原料

猕猴桃250g、白酒1000mL。

（二）制法

将猕猴桃去皮，放入干净的容器里，加入白酒，密封。每日振摇3次，浸泡30天后，去渣，即可饮用。

二十三、自制山药酒

（一）原料

山药200g，山茱萸100g，五味子、人参各50g，52度谷养康无添加泡酒专用酒5000mL。

（二）制法

将以上药材切碎，置入泡酒专用罐中，密封，浸泡 15 天后，过滤去渣，即成。

二十四、自制香菇酒

（一）原料

干香菇 75g（鲜品 500g）、蜂蜜 250g、柠檬 3 只、白酒 1500mL。

（二）制法

将香菇洗净，切片，晾干；柠檬切成两半；香菇、柠檬与蜂蜜一同放入酒坛中，加入 60 度左右白酒，密封浸泡一周后，取出柠檬，再密封浸泡一周，即可饮用。

二十五、自制南瓜酒

（一）原料

老南瓜 1 个、高度白酒。

（二）制法

选上好的老南瓜一个，越大越好，然后用小刀在南瓜柄上开洞，记住要把柄留好。将高度白酒倒进去。先在开口处铺上一层保鲜膜，再把刚取下的把柄塞上。7 天后就可以饮用了，清香扑鼻，清甜可口。

二十六、自制番茄酒

（一）原料

新鲜番茄 1000g、白砂糖 200g、柠檬酸 10g、焦亚硫酸钾 2g、酒曲 20g、高度白酒 100mL。

（二）制法

新鲜成熟番茄洗净，晾干表面水分，放在榨汁机中榨汁，过滤取液汁，加入白砂糖，搅拌调匀，使溶解。加入柠檬酸，将果汁倒入清洁干燥的酒器中，加酒曲和焦亚硫酸钾，搅拌均匀，盖好封口，在 25℃左右条件下发酵 5 天，每天搅拌数次。发酵的果汁倒入另一只干净酒器，加盖密封，在 1～5℃低温中存放 3 个月。取上清液，加入白酒，另加适量白砂糖，放置 2～3 天，过滤，装瓶，在 85℃下灭菌 10min，即成。

二十七、自制姜汁酒

（一）原料

姜 100g、清水 1/3 杯、绍酒 1/2 杯。

（二）制法

姜洗净，去皮切碎，连清水一起放入搅拌机内搅成浆汁，用纱布滤去姜渣，在姜汁中再加入酒搅匀即成。入瓶放入冰箱备用，使用其除可增加菜的香味外，还可以去掉鱼肉的腥味，用途颇广。

二十八、自制苦瓜酒

（一）原料

100g 苦瓜、高浓度白酒 100mL。

（二）制法

选择瓜形较长的品种，果皮青绿色，瓜体中种子开始发育但种皮尚未木质化的苦瓜。用流动的清水充分洗净，沥干水备用。旋口罐头瓶用沸水杀菌 15～20min。整瓜装瓶，如瓶小瓜长可用手掰开，或用不锈钢刀具切割。禁止用铁制刀具，以免污染酒质。瓶中注入高浓度的白酒。因为在这样的酒中，苦瓜苷溶解快，饮用功效高，酒与瓜的体积以 1∶1 为佳。将密封的盛酒容器置于阴凉干燥处存放，经过 40～60 天时间，当瓜条变成土黄色浸渍状，酒体有浑浊感，摇动酒瓶，瓜条表皮上有粉状物脱落，打开酒瓶，气味浓烈，苦味爽口，即可饮用。

二十九、自制胡萝卜酒

（一）原料

胡萝卜 2500g、小麦 500g、红葡萄干 120g、白砂糖 1500g、鲜橘子 3 个、鲜柠檬 2 个、酵母营养基 6g、维生素 B_1 6mg、葡萄酒酵母粉 6g、开水 3L、凉开水 2L。

（二）制法

将胡萝卜用软刷子洗净，晾干，切成 2cm 大小方块；葡萄干切碎；小麦洗净，压碎，（燕麦片可直接使用），柠檬分为小瓣，一起加入不锈钢锅内，加凉水适量，烧开后用文火慢煮，至胡萝卜变软，然后倒入发酵桶中。加入白砂糖，搅拌使糖彻底熔化。将沉淀物装入尼龙袋，轻轻挤压出残余汁液放入发酵桶内。待凉后加入酵母营养基，挤入柠檬汁和橘子汁。加入凉开水使总体积达 5L。静置 3～4h 后，将酵母粉轻轻撒在液面上。封盖桶口，置于 24～25℃环境下，发酵应在 24h 左右开始，10～14 天后，虹吸至小口发酵桶内。将维生素 B_1 研末，用热水溶化后加入。置于 16～18℃环境下进行二次发酵。发酵 10 天左右，倒桶，剔除沉淀物。直至发酵活动停止（没有气泡产生），静置 1 个月，待酒彻底澄清后装瓶，建议储存 3 个月后再饮用。

三十、自制菊花酒

（一）原料

大米 300g、白酒 100g、干菊花 100g、枸杞 50g。

（二）制法

锅中放水，加入菊花、枸杞煮制，开锅过滤出药汁待用。大米加入药汁蒸熟，取出，加入白酒拌匀。用保鲜膜密封放到阴凉处，发酵一个月即可。

三十一、自制玫瑰花酒

（一）原料

玫瑰花、冰糖、红酒。

（二）制法

玻璃瓶洗净晾干，冰糖敲碎。加入一部分玫瑰。加入冰糖，再放玫瑰覆盖。加入红酒，让红酒完全浸泡玫瑰。密封，放于低温避光的地方储存。一个月后启封，过滤即可食用。

三十二、自制桂花酒

（一）原料

桂花 50g、白砂糖 50g、纯酿糯米酒 600g。

（二）制法

玻璃瓶洗净晾干，倒入桂花、白砂糖和糯米酒。密封好放置阴凉处，60 天即可饮用。

三十三、自制薄荷酒

（一）原料

薄荷、米酒。

（二）制法

将薄荷和米酒按照 1∶30［质量（g）比］的比例放入容器中，置于阴凉处，10 天后取出薄荷叶，21 天后即可饮用。

三十四、自制桃花酒

（一）原料

桃花、上等白酒。

(二) 制法

把桃花装入酒坛或其他干净的容器中，倒入上等白酒浸没桃花，密封浸泡一个月后即可启封。此时可滤出泡好的桃花酒，装瓶密封保存，每日早晚各饮 1 次，每次饮用 5～10mL 桃花酒。

三十五、自制山茶花酒

(一) 原料

山茶花 15g、黄酒 50mL。

(二) 制法

将山茶花、黄酒共置钵内，加水少许，隔水炖沸，候温饮用，每日 1～2 剂。

三十六、自制月季花酒

(一) 原料

月季花、红酒。

(二) 制法

先将月季花去除杂质，加入纯水煮沸后保持 15min；倒入红酒，继续保持沸腾 10min；放凉后，用滤布进行过滤，滤液即为药酒。

三十七、自制凌霄花酒

(一) 原料

凌霄花、黄酒。

(二) 制法

用凌霄花 15g、黄酒 50mL。将以上两味放入碗内，加水 50mL，调匀后隔水炖沸，候温饮服，每日 1 剂，于月经来潮时饮用。

三十八、自制金银花酒

(一) 原料

金银花、甘草、黄酒。

(二) 制法

准备金银花 50g、甘草 30g、黄酒 250mL。先将金银花、甘草放入砂锅内，加水 500mL 煎至 250mL，去渣，加入黄酒，煮沸即成。

三十九、自制凤仙花酒

（一）原料

凤仙花 15g、枸杞子 50g、白酒 500mL。

（二）制法

将凤仙花、枸杞子浸入白酒内，密闭储存，经常摇荡，15 日后即成。

四十、自制合欢花酒

（一）原料

合欢花 50g、蜂蜜 100g、白酒 300mL。

（二）制法

将以上三味材料放置到干净的玻璃瓶内，密闭储存，7 日后即成。

四十一、自制杜鹃花酒

（一）原料

杜鹃花 100g、白酒 500mL。

（二）制法

将杜鹃花浸入白酒内，密闭储存，7 日后即成。

第二节　家庭用制醋技术与实例

一、自制苹果醋

（一）原料

苹果、白醋、冰糖。

（二）制法

准备苹果 250g、白醋 250g、冰糖 125g。将苹果洗净，去皮、去核，切成月牙形。将苹果放入玻璃瓶中，加入白醋、冰糖，加盖密封放置阴凉处，一周后即可饮用。喝时按原液和白开水 1∶5 的比例调配。

二、自制香蕉醋

（一）原料

香蕉、白醋、红糖。

（二）制法

准备香蕉 1 份、红糖 1 份、白醋 2 份。香蕉去皮，切成片后，将三样主料倒入微波炉器皿中，放入微波炉加热 20s。待红糖熔化后搅拌均匀，倒入玻璃瓶中放置于无阳光直射处，14 天后即可饮用。

三、自制葡萄醋

（一）原料

葡萄、白醋、冰糖。

（二）制法

准备葡萄 200g、冰糖 250g、白醋 500mL。葡萄洗净晾干，将三样主料置于玻璃瓶中密封保存 20 天左右即可。

四、自制柠檬醋

（一）原料

白醋 200g、柠檬 500g、冰糖 250g。

（二）制法

将柠檬洗净、晾干、切片。取玻璃罐，放入柠檬片后，加入白醋和冰糖，密封 60 天即可。

五、自制百香果醋

（一）原料

百香果、冰糖、纯米醋。

（二）制法

将百香果洗净、晾干、切片。取出果肉、汁液和籽粒倒入装有冰糖的容器里，倒入纯米醋淹没，密封冷藏至冰糖全部溶解。

六、自制猕猴桃醋

（一）原料

猕猴桃、冰糖、醋。

（二）制法

将猕猴桃去皮，切成块状或圆片状，放入干净的玻璃罐中，加入冰糖和醋，密封静置在阴凉处，存放 3～4 个月可以食用。

七、自制樱桃醋

（一）原料

樱桃、白砂糖、米醋。

（二）制法

挑选新鲜的樱桃，去核、去蒂，用盐水和淘米水分别洗一次，再用清水或者凉白开冲洗干净。将米醋、白砂糖、樱桃以质量比1∶1∶1放入容器中，充分搅拌均匀后，密封保存一周即可食用。

八、自制番茄醋

（一）原料

番茄、冰糖、白醋。

（二）制法

准备番茄3个、冰糖100g、白醋500mL。番茄洗净晾干，切片后和冰糖、白醋一起倒入器皿中密封保存，20天后即可饮用。

九、自制大蒜醋

（一）原料

蒜头300g、冰糖300g、醋500mL。

（二）制法

蒜头清洗晒干，去膜后直接放入玻璃瓶，醋注入后加入冰糖。瓶口先封上保鲜膜再盖上密封盖，浸泡3个月以上即可。

十、自制洋葱醋

（一）原料

洋葱、糙米醋。

（二）制法

将洋葱洗净去皮，切薄片后掰散切条。将切好的洋葱条放入玻璃瓶内，倒入糙米醋，醋的量要没过洋葱。加盖放冰箱冷藏3天即可。

十一、自制玫瑰醋

（一）原料

白醋1瓶、玫瑰花20～30朵。

（二）制法

将玫瑰花洗净晾干，放入玻璃瓶内与醋混合。盖紧盖子放置 7 天左右就可以。醋可以加水直接喝，也可以和蜂蜜混合喝，口味酸甜。

十二、自制菊花醋

（一）原料

菊花 50g、米醋 1000g、冰糖 300g。

（二）制法

将菊花洗净晾干。按照一层菊花一层冰糖放入密封的玻璃瓶中，加入米醋，待冰糖溶化后即可食用。

十三、自制洛神花醋

（一）原料

干洛神花、醋、冰糖。

（二）制法

干的洛神花瓣撕开，备用。准备冰糖、纯粮制造的醋若干，玻璃瓶底部先放冰糖，然后一层花一层冰糖。倒入醋到瓶口，留少许空间，加盖，常温放置 5～7 天，兑水喝即可。

十四、自制西瓜皮醋

（一）原料

西瓜皮 6kg，高粱糖 10kg（谷糖也行），食盐 4kg。

（二）制法

先把西瓜皮洗净，煮熟，晾凉装罐，加曲捣烂拌匀，发酵 5 天后拌糖，每天搅拌一次，过 4～5 天后加盐，6 天出坯，然后把 1/3 的坯装入熏焙罐烤熏 4 天，再把 2/3 的坯加生水过滤熬开，添入熏坯，过滤即成美味西瓜皮醋。

参考文献

[1] 曾洁，李颖畅. 果酒生产技术 [M]. 北京：中国轻工业出版社，2015.

[2] 张秀玲，谢凤英. 果酒加工工艺学 [M]. 北京：化学工业出版社，2015.

[3] 赵广河，胡梦琪，陆玺文，等. 发酵果酒加工工艺研究进展 [J]. 中国酿造，2022，41 (04)：27-31.

[4] 宋琳琳. 复合果蔬发酵酒工艺研究 [D]. 四川：西南科技大学，2019.

[5] 唐燕萍，张书泰，赵祎武. 果醋概述 [J]. 饮料工业，2022，25 (01)：64-66.

[6] 杜恣闲，郑建莉. 果酒的营养成分及其发展分析研究 [J]. 江西化工，2011 (02)：23-26.

[7] 尚宜良. 果蔬酒开发可行性分析和前景预测 [J]. 酿酒，2008 (05)：8-11.

[8] 曹芳玲. 终止发酵法酿造“赤霞珠”低醇甜红葡萄酒的工艺 [J]. 北方园艺，2016 (19)：152-156.

[9] 张海龙. 巨峰干红葡萄酒的自酿工艺及质量控制研究 [J]. 农产品加工，2022 (05)：13-16，19.

[10] 尚远宏，田金凤. 芒果苹果复合果酒发酵工艺优化及成分含量测定 [J]. 中国酿造，2021，40 (06)：135-140.

[11] 邹静，孟军，张建才，等. 红曲板栗糯米酒酿造工艺研究 [J]. 酿酒科技，2017 (02)：65-67.

[12] 伍国明，黎莉妮，蔡丽霞，等. 桃红葡萄酒发酵工艺研究 [J]. 食品工业，2014，35 (11)：148-151.

[13] 彭彰文，徐天豪，谭新佳，等. 山葡萄酒酿造工艺及其香气成分 GC-MS 分析 [J]. 农产品加工，2018 (12)：59-63.

[14] 贾娟，王德良. 砀山梨酒发酵工艺的研究 [J]. 酿酒科技，2017 (07)：84-89.

[15] 徐佳，左勇，易媛，等. 凯特杏酒的发酵条件优化及风味变化研究 [J]. 中国酿造，2020，39 (11)：137-142.

[16] 陈忠军，杨晓清，蔡恒，等. 杏仁保健酒的研制 [J]. 食品科学，2007 (08)：606-609.

[17] 李广伟，杨春晓，于杰，等. 蓝莓-酸樱桃复合果酒发酵工艺优化 [J]. 中国酿造，2021，40 (12)：211-216.

[18] 郭正忠，黄星源，刘功良，等. 橄榄酒的发酵工艺研究 [J]. 酿酒，2017，44 (01)：95-97.

[19] 孙晓璐，杨永学，张源. 蜂蜜草莓酒的酿造工艺的优化 [J]. 酿酒科技，2021 (02)：32-35，39.

[20] 马腾臻，李颖，张莉，等. 油橄榄酒的酿造及香气成分分析 [J]. 食品科学，2014，35 (18)：161-166.

[21] 杨香玉，余兆硕，唐琦，等. 甜橙果酒酿造工艺 [J]. 农业工程，2015，5 (06)：58-60，64.

[22] 曾灿彪，刘钊，黎嘉沛，等. 火龙果香蕉复合果酒酿造工艺研究 [J]. 肇庆学院学院，2019，40 (05)：35-40.

［23］ 单扬，何建新，谭斌．柑桔白兰地的研制［J］．食品与机械，2000（04）：21-22．

［24］ 张晓丹，李建婷，秦丹，等．柑橘酒的发酵工艺优化研究［J］．中国酿造，2016，35（10）：179-183．

［25］ 叶万军，宋丽娟，刘畅，等．苹果白兰地酿造工艺研究［J］．黑龙江农业科学，2019（06）：106-108，112．

［26］ 陈旭峰．佛手柑橘酒生产工艺初探［J］．广东化工，2014，41（23）：66．

［27］ 汪建国．金丝蜜枣糯米酒的研究开发［J］．江苏调味副食品，2008（05）：40-42．

［28］ 聂颖．大枣果酒发酵工艺的研究［J］．佳木斯职业学院学报，2016（02）：420-421．

［29］ 贾金辉，何丹，程贵兰，等．酸枣酒发酵工艺条件的研究［J］．酿酒，2022，49（04）：87-90．

［30］ 高歌，周雅萍，王新涛，等．紫薯-猕猴桃复合果酒的加工工艺优化［J］．湖南农业科学，2022（08）：66-69．

［31］ 刘秀华，尚宜良，阎兵．柿子酒生产新工艺［J］．轻工科技，2021，37（12）：13-14．

［32］ 周艳华，李涛，张鹏飞．高花色苷杨梅酒的酿造工艺［J］．食品工业，2021，42（03）：61-66．

［33］ 赵玲玲．黑加仑果酒的加工工艺［J］．食品安全导刊，2015（09）：117-118．

［34］ 黄星源，杨清群，刘功良，等．“巴伦比”发酵型荔枝酒的研制［J］．酿酒，2019，46（04）：107-109．

［35］ 何思莲，施灿璨，李琼，等．龙眼果酒发酵工艺优化、抗氧化活性研究及品质分析［J］．中国酿造，2022，41（05）：131-136．